GRAPHIC WAR

The Secret Aviation Drawings and Illustrations of World War II

航空機透視図
百科図鑑

機体・兵装・戦術

ドナルド・ナイボール
Donald Nijboer

村上和久 訳
Kazuhisa Murakami

原書房

GRAPHIC WAR
by Donald Nijboer

Copyright © 2005 Donald Nijboer
All rights reserved. No part of this work covered by the copyrights herein may be produced
or used in any form or by any means — graphic, electronic, or mechanical,
including taping, or information and retrieval systems,
except by a reviewer, without prior permission of the publisher.
Published by arrangement with firefly Books Ltd., Richmond hill, Ontario Canada
through Tuttle-Mori Agency, Inc., Tokyo

航空機透視図百科図鑑
機体・兵装・戦術

●

2018年9月28日 第1刷

著者………ドナルド・ナイボール
訳者………村上和久(むらかみかずひさ)
装幀………岡孝治
発行者………成瀬雅人
発行所………株式会社原書房
〒160-0022 東京都新宿区新宿 1-25-13
電話・代表 03（3354）0685
http://www.harashobo.co.jp
振替・00150-6-151594

印刷………シナノ印刷株式会社
製本………東京美術紙工協業組合

©Murakami Kazuhisa, 2018
ISBN978-4-562-05597-5, Printed in Japan

【著者】
ドナルド・ナイボール
(Donald Nijboer)
作家・歴史家・大学講師。第二次大戦時の航空機に関する本を数多く執筆。
またFlight Journal、Aviation History、Airplane Monthlyなどへの寄稿も多数。
邦訳書に『コクピット』がある。カナダのトロント在住。

【訳者】
村上和久
(むらかみ・かずひさ)
英米文学翻訳者。早稲田大学卒。
主な訳書にトール『太平洋の試練』、シノン『ケネディ暗殺』、ファインスタイン『武器ビジネス』、
キャヴァラーロ・他『ザ・スナイパー』、ウェップ『特殊戦狙撃手養成所』など多数。
そのほか著書に『イラストで見るアメリカ軍の軍装 第二次世界大戦編』がある。

For Eric, Julia and Andrea

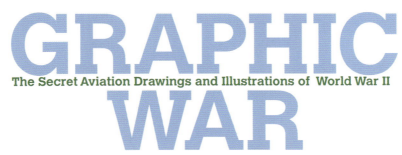

GRAPHIC WAR

The Secret Aviation Drawings and Illustrations of World War II

航空機透視図百科図鑑

機体・兵装・戦術

カナダで訓練を受けるアメリカの航空学生。ここでは武器教官から機関銃の仕組みを学んでいる。

Contents

序　文　ピーター・エンズリー・カースル　009
まえがき　じつに破壊的だった戦争で、
これほど多くのものが創造された……。　011

| 第1章 | 剣とペン　014
| 第2章 | きょうは仕事ではない　022
| 第3章 | 学んだ教訓──戦火の中へ　040
| 第4章 | 各国図版コレクション　046
　　　　　イギリス　048
　　　　　ドイツ　168
　　　　　アメリカ　206
　　　　　ソ連　250

謝　辞　264
訳者あとがき　265
参考文献　267
図版クレジット　268

索　引　269

『基礎飛行教官マニュアル』の序文挿絵(挿画)

序文

ピーター・エンズリー・カースル

　ドナルド・ナイボールにお祝いの言葉を贈りたい。彼は、戦時中の技術および訓練マニュアルの紙面やポスター、必要不可欠な航空機や艦船や装甲車輌の識別図に数知れない図版を提供した無数の設計者や製図技師、テクニカルおよびグラフィック・イラストレーター、画家、漫画家たちを讃えるこのじつに興味深い一冊を作り上げた。これらのさまざまなイラスト作品は、第二次世界大戦時の連合軍の戦闘組織や兵器、訓練計画のあらゆる側面だけでなく、入手した敵の装備の、戦闘に役立つ詳細な調査報告も、取り扱っている。本書で翻刻された戦時中のイラスト作品は、鋭い目と熟練した手によって製作され、現代のコンピューター画像の何十年も前に、粗末な施設と質の悪い画材を使って作業することを余儀なくされた戦闘地域の人々が苦労して完成させたものだ。

　わたし自身は結局、テクニカルおよびグラフィック・アーティストとして、かなり波乱の職業人生を送ることになったが、それは、1920年代、幼いころすぐに飛行機に関心をいだいたところからはじまっていたにちがいない。わたしが生まれる1週間ほど前に、カーキ色の制服を着た王国航空隊（RFC）は、ブルーの制服姿の王国空軍（RAF）になっていて、小学校時代には第一次世界大戦の戦闘の図版がそこらじゅうにあった。1930年、12歳で私立小学校を卒業したとき、わたしの最後の通信簿にはこうあった。「鉛筆の芯をたくさんむだにしています。また戦争にでもなったらおおごとです」

　教師たちは、そのわずか6年後に、カースル青年が航空関係の事柄を学んで、鉛筆の芯をそれ以上に多く使い、ある企業に製図技師と発明模型製作者として入社する資格を得て、空軍省の航空情報部のために機密扱いの仕事をするようになるとは思いもしなかったのである。

　その2年半後、わたしは同情報部に入るよう誘われたが、それについては第1章でさらに述べる。

ピーター・エンズリー・カースル
王立航空協会準会員（AMRAeS）、2005年

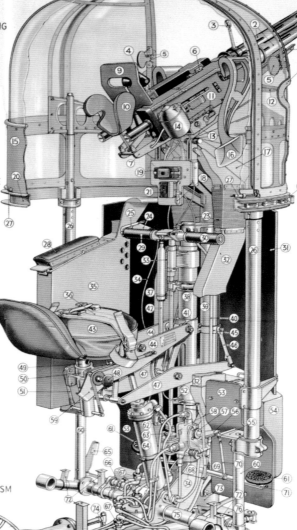

まえがき
じつに破壊的だった戦争で、これほど多くのものが創造された……。

　本書の構想は、わたしが2冊目の著書『銃手　図解第二次世界大戦の飛行機の銃塔と銃座の歴史』を執筆・構成しているときに浮かんできた。英国空軍博物館で調査をしているとき、わたしはたくさんの「空軍略図」に出くわした。それは英軍機の銃塔の大きなポスター・サイズの断面図だった。さらに、ケリー・リーが描いたユンカースJu88のすばらしい断面図も発見した。図版はこのうえなく魅力的で、どのイラストレーションもそれ自体が芸術作品だった。図版の大半は機械と装備にかんするものだったが、その多くには抽象的で美的な資質があった。こうして本書の構想がはじまった。

　第二次世界大戦は高度に機械化された戦争だった。第二次世界大戦の飛行機は短期間のうちに、応力外皮構造の全金属製単葉戦闘機と爆撃機に移行した。こうした複雑な飛行機には、新たなレベルの飛行技術とまったく新しい訓練体制が必要だった。搭乗員と地上整備員はいまや、より速いスピード、より高い高度、精確な航法、精巧な油圧装置、レーダー、過給器、そしてより強力なエンジンを取り扱う必要があった。最高レベルの志願者が訓練のため集められ、こうした訓練生を最高で最速の手法を使って最高級の搭乗員に作り上げるための訓練手段を発展させなければならなかった。

　搭乗員訓練の大部分には、ポスターや教本に掲載されたイラストレーションといった視覚教材の使用が必要だった。こうした図版の多くは立体的な透視図で、伝統的な二次元の設計図面とちがって、何千何万という新兵が簡単に解読できることを目的としていた。イギリスでこの教材を用意したのは、空軍省と航空機生産省である。戦時中は何千何万という空軍略図ポスターが製作された。こうした40×30インチ（102×76センチメートル）の芸術作品は、本書でもっとも見ごたえのある作品だ。そのなかには、敵機の多色刷り断面図から、「太陽のなかのドイツ野郎に気をつけろ」といった標語が描かれた簡単なイラストレーションまで、あらゆる

■前頁■

**ブリストル・タイプ
B.I銃塔**

最初にブリストル・ブレニム軽爆撃機に装備されたとき、この油圧作動式銃塔は爆撃機の防御における大きな第一歩だった。戦争初期にドイツ空軍の戦闘機と対決すると、機銃手たちは、防弾性と火力の不足に不満を漏らした。イラストのMk.Vは、防弾鋼板とベルト給弾式の連装ブローニング機関銃を追加して採用された。

ものがあった。この教材はすべて「部外秘──公務専用」で、その大半が今回はじめて公開されるものだ。アメリカでは、戦時中に出版された何千何万という教本のなかに、図解や断面図の宝庫を見いだすことができる。アメリカ航空訓練部はポスターも製作したが、現存するものはごくわずかだ。しかし、連合軍の教本がふんだんに図版を使っていた（たとえば、漫画的なキャラクターや教本のなかを飛びまわる飛行機のペン画を添えて）のにたいして、ドイツ軍の教本は図版を多く使っていたが、余分なものはなかった。ただ、彼らのポスターは連合軍のものにひけを取らないほど詳細で、よくできていた。軍関係の書類の多くは終戦の直前直後に破棄されたために、ドイツや中国、ソ連、そしてとくに日本のイラストレーションは入手がきわめて困難であり、本書には当時を生きのびた貴重な例がおさめられている。

　本書の図版コレクションの部にふくまれるイラストレーションは、イギリス、ドイツ、アメリカ、ソ連など、国別にまとめられている。だから、たとえば、イギリス軍が描いたユンカース Ju88（54〜55ページおよび64〜65ページ）とドイツ軍による同機の図版（180ページ以降）を比較することができる。

　連合国をはじめとする主要交戦国に雇われた画家やイラストレーター、テクニカル・アート画家のほとんどは、名前もわかっていない。現存する図版のほとんどすべては、疑いなくなによりも作品の極秘性のために、無署名で、作者の名前が記されていない。画家の一部は、戦前に商業アートやデザインの仕事をしていて、戦後もほかに同様の働き口を見つけた。ほかの者

たちは、戦後に航空機製造会社でテクニカル・アート画家として働きつづけた。

　本書では画家のピーター・エンズリー・カースルに脚光を当てている。わたしは2003年秋、彼にインタビューする光栄に浴した。英国情報機関のために働くのがどういうものだったかや、英国空軍の敵機評価部隊第1426小隊のために働いているときにイラストレーションを創作するのに演じた役割についての体験談は、じつに興味深い。彼のすばらしい図版は本書で見ることができる数百点のなかにある。

　本書のイラストレーションは戦争を賞賛するものとして見るようには意図されていない。こんにち、われわれは不時着水した飛行機を離れる方法にかんする絵を冷静に見て、指示に目を通すことができるが、北海や太平洋上で、完璧な闇につつまれて、被弾した飛行機で飛行しながら、これから不時着しようとしている20歳の若者がどんな気持ちだったかは、想像することしかできない。本書のイラストレーションは搭乗員と地上整備員の訓練生の世界を垣間見せてくれる。われわれが見るすべてを、彼らは学び、吸収して、記憶しなければならなかったのだ。それはたいへんな仕事で、雇われた画家たちの才能と創造性がなかったら不可能だったことだろう。

　大半の国の政府は、戦争画家を雇って、戦闘を記録させ、プロパガンダの努力を促進したが、本書のイラストレーションは、まったくちがった目的のために作りだされた——若者たちが戦争に勝利して、願わくは、戦争を生きのびるのを助けるために。

　　　　　　　　　　　　　ドナルド・ナイボール、2005年

CHAPTER 1　**The Sword and the Pen**

第 1 章　剣とペン

ドイツ軍のヘンシェルHs129対戦車襲撃機の主要構造を調べるピーター・カースル。この機体は北アフリカの西部砂漠から回収されてきた。

　それは高みをめぐる戦いだった——空の支配権をめぐる戦いだ。第二次世界大戦は航空技術の進歩にとって肥沃な土地だった。各交戦国は、新しく、より進んだ設計で技術的な優位性を獲得しようと奮闘する一方で、新型機を戦闘で効果的に飛ばして使用することができるように、何千何万という搭乗員を訓練する新たな方法を見つけださねばならなかった。そうした新型機は、レシプロエンジンの高高度性能を向上させる過給器や、パイロットが夜間に迷子にならずに敵機を捜索するのを助けるレーダー、そして搭乗員にとって飛行をより安全に心地よくする救難装備をそなえた新しいシステムを搭載していた。多くの空軍は、訓練課程をスピードアップするために、グラフィック・デザインやフルカラーのイラストレーションを活用して、搭乗員が新しい技術を理解するのを助けた。搭乗員や地上整備員の訓練を助けるために製作された断面図やイラストレーション、図表は、対象者を啓蒙し、単純化し、はっきりさせて、場合によっては、おもしろがらせる必要があった。すぐれたグラフィック・デザインやイラストレーションにはそれができた。訓練生になにかのやりかたをしめす明快なイラストレーションは、何週間分もの訓練を節約することができた。1944年にアメリカのデザイナー、ウィル・バーティンは機銃手の訓練を助けるために一連の教本を製作した。彼の教本は機銃手の訓練課程を6カ月からなんと6週間に短縮したのである。
　1939年9月、ドイツのポーランド侵攻によってヨーロッパで戦争が勃発したとき、イギリスの雑誌《アート・アンド・インダストリー》は「戦時における芸術家の機能」と題する特集記事を掲載した。編集者はこう書いている。「ヨーロッパにおける戦争は必然的に、産業芸術にたずさわる人

1944年5月、王国航空機研究所で残骸となったJu188爆撃機の前方操縦室のひしゃげたフレームを持つピーター・カースル。

間の多くにいささか悪影響をおよぼすにちがいない。広告はずっと少なくなるだろう。新聞雑誌のイラストレーションの需要もずっと少なくなる。産業デザインとスタイリングは平和が戻ってくるのを待たねばならない。ひじょうに多くの芸術家やデザイナー、美術学校の教師と生徒は、活動のべつのはけ口と、かわりの収入源を見つけることを余儀なくされるだろう」そして、多くの者が両陣営でそのとおりにした——軍隊に入ったのである。現役勤務を志願しなかった者たちはできるかぎり戦時総動員体制を助けた。多くはボーイングやコンソリデーテッド、グラマン、ノースアメリカン、アヴロ、スーパーマリン、ハンドレページ、デハヴィランド、ユンカース、メッサーシュミット、三菱、ヤコヴレフのような大飛行機製造会社のために働くことになった。ほかにピーター・エンズリー・カースルのような画家たちは英国情報機関の謎につつまれた世界で働くことになった。

　戦争勃発直前には、ドイツの飛行機にかんする正確な情報や詳細な図面はほとんど存在しなかった。多くの「戦争画家」たちが戦争の進展を記録するために任命されたが、敵機の正確で作戦に役立つ図表を作成できる者は、いたとしてもごくわずかだった。英国空軍の教材は、《フライト》や《エアロプレーン！》といった出版物に掲載されたイラストレーションがほとんどだった。1939年5月、ピーター・エンズリー・カースルは、MI6の航空情報部門であるA.I.1.(a)の職を提示された。

「ある土曜日のこと、一通の茶色い封筒が届いた。わたしは失業中で、ウィンブルドンのホテルに移ってきたばかりだった。彼らがどうやってわたしを見つけたのかはわからない。それは、日曜日に公務員健康診断を受けてから、つぎの月曜日にキングズウェイのアダストラル・ハウスの空軍省に出頭するようにという招待状だった。わたしが月曜日に出向くと、地図作成とレタリングの試験を受けるよう求められ、それからキング・チャール

ズ・ストリートのホワイトホールの建物に出頭して、中庭の大広間に行くよう命じられた。

　行ってみると、そこには陸軍省の地図部が入っていて、製図台と地図製作者がずらりとならび、天窓から明るい光が降りそそいでいた。わたしは正式に製図台と製図板、箱入りの製図用具一式を割り当てられ、ペン画に使う青みがかったリネンのトレーシング・ペーパーを見せられた」

　ピーター・カースルはあたえられた仕事の真の性格を隠すために、地図製作者に分類された。カースルにはのちに、1940年前半にヒューバート・レッドミルと、1941年2月にケリー・リーがくわわった。3人は全員、才能ある画家であり、それぞれが才能を活かして、ドイツ空軍（ルフトヴァッフェ）の飛行機と装備の有名なポスターを作成することができた。こうしたポスターは、英国空軍、高射砲集団、陸軍、海軍、防空監視隊、警防団、国土防衛軍など、敵の装備と能力に精通している必要のある誰にとっても必要不可欠だった。

　カースルの初仕事のひとつは、敵の軍用機を網羅した飛行機識別パンフレットに図版を書くことだった。

「その夏はずっと、空軍出版物シリーズの18巻のルーズリーフ式パンフレットのために、外国軍用機識別シルエットの最新ページを改正したり作成したりしてすごした。フランス軍をやり、アメリカ軍もいくつか手がけて、日本軍も数点描いたが、ドイツ軍はひとつもなかった。いきなり招集されたのはそのためだと思っていたんだが。夏中ずっと、われわれは足下の空気ドリルの騒音を聞きながら働いた。当時は秘密だったが、チャーチルの戦時地下壕が建設中だったんだ」

　英国本土航空戦（バトル・オブ・ブリテン）のあと、カースルは最初の断面図に取りかかった。当時の多くの断面図画家と同様、彼は独学だった。彼と仲間の画家たちはさらに、理想的とはいいがたい状況で作業をしなければならなかった。

「いうまでもないが、アダストラル・ハウスでの6カ月ほどは、ロンドンにたいする夜間大空襲の期間で、ときには午前8時から午後6時の就業時間（週6日）が終わる前に爆撃が行なわれるので、帰宅が困難になることもあった。そのころには、敵機のポスター・スタイルの航空機識別白黒図を作成し、毎日入ってくるこまごまとした情報の技術図表を片づけるのに大忙しだった。

　わたしが手がけた最初の断面図は、じつにお粗末なものだった。あれは白黒のドルニエDo217だったと思う。あの仕事は恥ずかしい

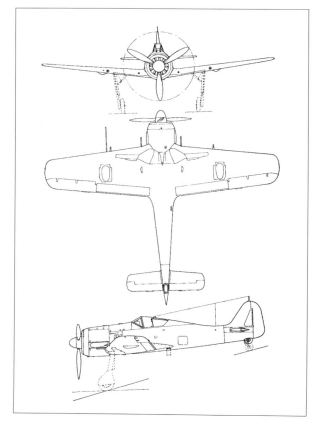

ピーターが描いたフォッケウルフFw190の3面図。

よ。図面タイプの仕事から一気にイラストレーションに転じると、まったく勝手がちがうんだ。

　われわれにはいい画材を手に入れる手段がなかった。Ju188の断面図に使った絵具はポスター・カラーだったと思う――小瓶のだ。わたしがいま使っている、こうした上等でなめらかなデザイン用のガッシュ絵具さえなかった。あとになって、エアブラシが１本、手に入った」

　この画家たちを英国空軍に任官させて、ある程度の生活を維持するのに必要な賃金を確保しようとするこころみも行なわれたが、この思いつきはいつもの官僚主義的な口実にぶちあたった。カースルの仕事の大きな部分は、墜落したり鹵獲されたりしたドイツ軍機を検分することだった。敵機評価部隊第1426小隊は、ルフトヴァッフェをもじって「英国空軍ヴァッフェ」とあだ名されたが、同隊といっしょに働くカースルはもっとも恐れられた敵機の一部をくわしく調べたり、それに乗りこんだりすることができた。この時期、カースルはJu188やフィーゼラーV1号飛行爆弾、Fw190の図版をふくむ、数多くの断面図を描いた。

「どれもずいぶん苦労したよ。われわれには、地面に開いた穴やただの破片から、飛行可能な機体まで、あらゆるものがあった。わたしはあらゆる飛行機と、墜落で残された部品を調べることができた。わたしが飛行機を描くとき最初にやるのは、全体的な三面図を作成することだった。われわれ３人は、長い巻き尺を持って出かけていき、全体の寸法を得るために飛行

「わたしが手がけた最初の断面図は、じつにお粗末なものだった。あれは白黒のドルニエDo217だったと思う。あの仕事は恥ずかしいよ。図面タイプの仕事から一気にイラストレーションに転じると、まったく勝手がちがうんだ」

ピーター・カースルの腕前は見る見る向上した。彼のDo217の断面図を68〜69ページのJu188の図版と比較すれば、驚くほどのちがいがわかる。

機を計測した。それから全体の線画をできるかぎり正確に近く作成する。その線画から、飛行機識別用の模型が製作された。もちろん、機影のイラストレーションはあらゆるところに配布するためにすぐさま出版された。

われわれにはカメラマンも同行していて、これが大いに役に立った。さらに諜報活動の情報源から供給される資料や、そういったたぐいのものもあった。ドイツ軍の飛行マニュアルも入手できた。多くの資料がリスボン経由でスペインからもたらされた。ときには、たとえば新型機の写真1枚しかない場合もあったが、尾輪の寸法がわかれば、だいたいの全体側面寸法図が作成できた。スケッチと写真撮影が完了すると、それからわたしはもっと大きな原図に取りかかる。この原図は24分の1か、その程度の縮尺だった」

カースルのもっとも重要な作品のひとつが、フィーゼラーFi103飛行爆弾、別名V1号の断面図だった──世界初の実用巡航ミサイルである。1943年11月、英国空軍写真判読部隊のコンスタンス・バビントン・スミス中尉は、きわめて特異ななにかを発見した。ペーネミュンデのドイツ空軍実験基地の新しい一連の写真をくわしく調べた結果、スミスはカタパルトの斜路にごく小さな十字型の影を発見した。そのカタパルトは、フランスの海峡沿岸に不気味に姿を現わしつつある、多くの「スキー場」と同

■次頁■V1号飛行爆弾についてのピーター・カースルの予備スケッチ作品。上は内部に球形の圧縮空気ボトルが描かれた基本線図で、下の詳細図にはV1号のアルグス・パルスジェット・エンジンの空気取り入れ口が途中まで描かれている。完成した断面図は70〜71ページに掲載されている。

カースルが描いたJu188の断面図の予備スケッチ。完成品は68〜69ページに掲載されている。

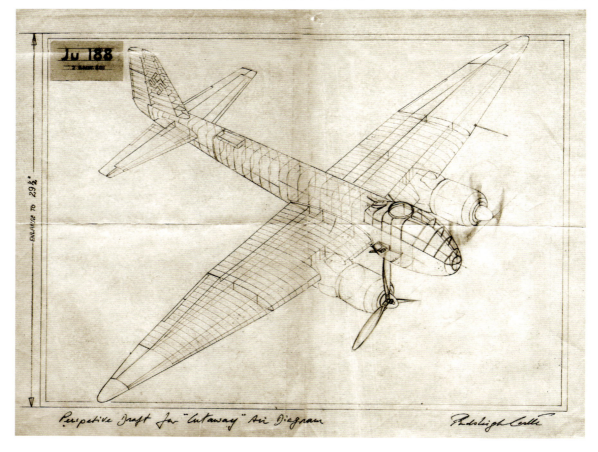

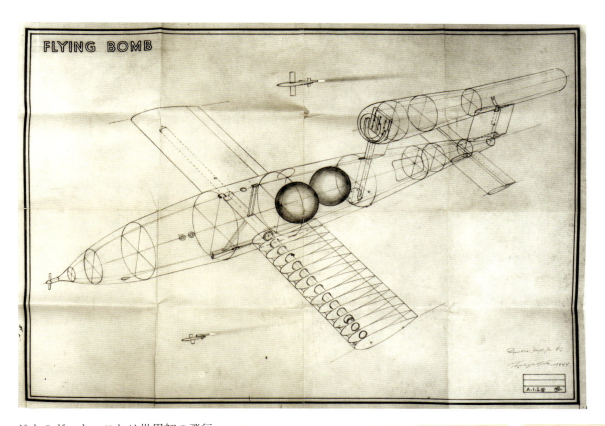

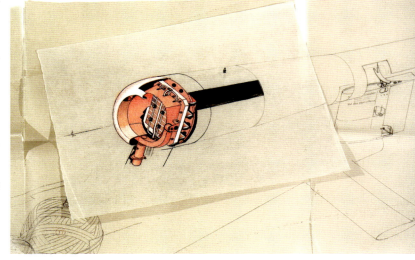

じものだった。これは世界初の飛行爆弾がイギリスに向けて発射されようとしている最初の証拠だった。この写真の焼き増しは、暫定的な図面をできるだけ早く作成して配布できるように航空情報部門に送られた。マイクル・ゴロヴァイン空軍少佐とピーター・カースルは、ロイヤル科学カレッジをたずねた。そこで彼らは遊動顕微鏡を使って、正確な寸法を割りだそうとした。画像は写真が高高度から撮影されたせいでかなりハレーションを起こしていた。あまり手のほどこしようはなかったが、不鮮明な画像の上を顕微鏡で行ったり来たりしながら熱心に長い午後を過ごした結果、推定される翼長がはじき出された。彼らは新型V1号の翼長を16フィート9インチ（15.15メートル）と見積もった。その後、イギリスにはじめて着地した飛行爆弾の残骸を調べた結果、翼長は17フィート6インチであることが判明した。スウェーデンのV1号の墜落現場からさらなる情報が得られた。航空情報部門のヒース空軍少佐が残骸を写真に

■次頁上■カースルが描いたFw190Dの断面図の予備スケッチ。

■下■Fw190Dの完成断面図は、戦争の末期に製作されたため配布に間に合わなかった。戦後、事情聴取を受けた同機の設計者クルト・タンクは、ピーターの図版に感心して、自分のサインを書き加えている（右下）。

おさめるために派遣された。
「スウェーデンで1発、見つかってね。うちの連中のひとりが残骸を撮影するためにスウェーデンへ飛んだんだ。そいつの形がわかったので、わたしは斜め前からのスケッチを描くことができた。そのスケッチはあらゆる本土防衛機関に配られた。V1号が襲来しはじめると、すぐに1発が無傷で見つかった。そいつはハロウ・ウィールドの〈ザ・マナー〉に運ばれて、車寄せに下ろされた。わたしはそのしろものに自分が実際にまたがっている写真を何枚か持っているよ。爆弾には起爆装置が5つほどついていたが、全部、処理されたものだと思っていた。わたしはその断面図にすぐさま取りかかった。そして3週間ほどで完成させた。ひじょうに集中した仕事で、あの断面図にはわたしが図示できたものがほとんどひとつ残らず描かれている。あれは7月のことだった。V1号が来襲しだしたのが1944年6月だったからだ。情報は一刻を争うものだったのに、行政機関の印刷所はこの空軍略図を本土防衛機関にすぐさま配布するのをおこたったんだ——断面図には1944年9月発行とあるからね」

ピーターと仲間の画家たちがやった仕事は、戦争遂行努力に大きく貢献したことがわかった。彼らの正確な図版やイラストレーションのおかげで、イギリス軍とアメリカ軍はドイツ軍機の発達をはっきりと理解することができたし、連合軍の搭乗員は性能や武装、防弾装甲、射界について貴重な情報を得ることができた。イギリス全土の搭乗員待機室や受令室で、何千という連合軍の搭乗員がピーターと仲間の画家たちが描いた正確な図版を目にした。経験不足の新米搭乗員にとっては、こうしたイラストレーションは、自分たちの生存がかかっていて、しっかりと見ておいたほうがいい道具だった。戦闘に疲れた搭乗員は、こうした図版をちらりと見るだけだった。実戦の衝撃的な実態は、彼らにもうひとつの教訓をあたえた——簡単なポスターや野戦教範の図版ではけっして描ききれない教訓を。

戦後、こうした図版はすぐに忘れ去られ、ほとんどが廃棄された。現在、ピーターのオリジナルのイラストレーションは、ロンドンの帝国戦争博物館にその一部がおさめられている。

1945年後半、ピーターはロンドンのアメリカ陸軍航空軍航空文書調査センターと協力しはじめた。そこで彼はドイツ空軍とドイツの航空機製造会社から接収した戦後の文書を評価するのを手伝った。第二次世界大戦が終わり、冷戦が激化しはじめるなか、ピーターはイギリスのMI6の技術航空情報部門とさらに5年間、協力しつづけた。現在、ピーターは引退しているが、イングランドのタンブリッジ・ウェルズの自宅でいまもなお絵筆をふるっている。

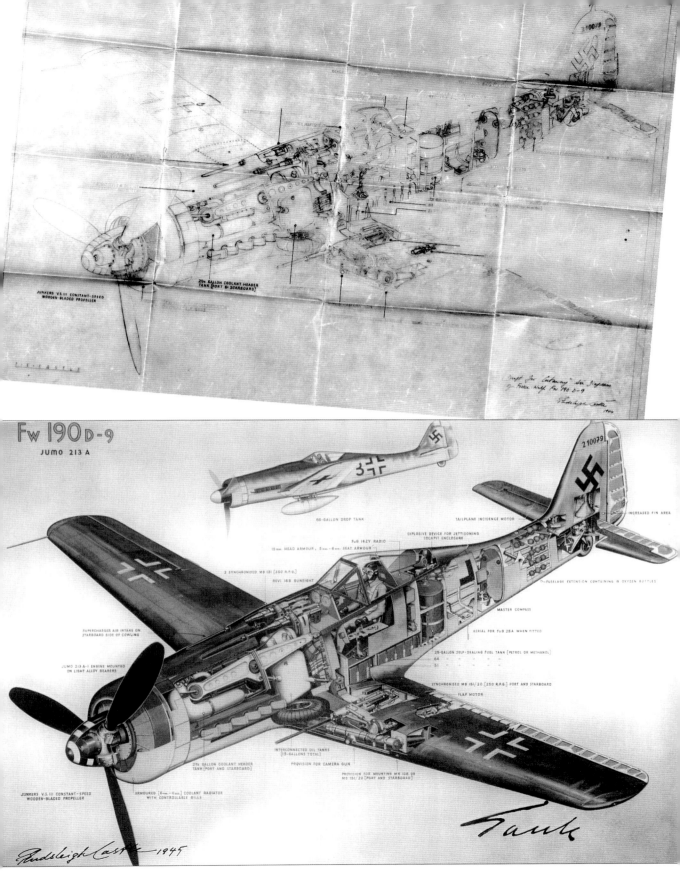

CHAPTER 2　Today Is Not a Job

第2章 きょうは仕事ではない

「飛行は訓練と準備が戦闘と同等の死傷率を強いる
数少ない活動のひとつである」
——スタフォード＝クラーク「士気と飛行経験」第18章

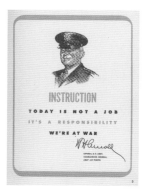

『基礎飛行教官マニュアル』内に掲載された陸軍航空軍司令官アーノルド大将から将兵へのメッセージ。「きょうは仕事ではない。それは責任だ。われわれは戦っているのだ」

　第二次世界大戦の航空戦は、多くの面で競争だった。速度、高度、そして破壊力の追求が、設計者やエンジニア、科学者を駆り立て、航空機を改良させ、その破壊力を向上させた。戦時中には多くのはじめてのことが達成された——初のジェット戦闘機が進空し、ヘリコプターが登場し、「スマート」爆弾が初戦果を上げ、世界初の弾道ミサイルが限定的だが恐るべき登場を果たした。それは総力戦でもあり、産業と教育が主要な役割を演じた。産業は戦争を遂行するのに必要な航空機、火砲、戦車を供給することができた。国家はこうした新しくて高度な機械を利用するのに必要な何百万という男女を訓練する任務をあたえられた。なかでももっとも高度に訓練された人員を必要とした装備が航空機だった。これらの者たちは、ほぼ全員が男性で、その体力と知力ゆえに選ばれた。女性もこうした航空機を操縦する訓練を受けたが、それは主として、新しい航空機を工場から前方の補給処や航空基地に輸送するためだった。彼女たちはまた訓練のおかげで、ほとんどどんなものでも飛ばすことができた——単座戦闘機から四発の爆撃機まで。飛行訓練のために入隊した新兵のうち、選りすぐりの精鋭と見なされたごく一部だけが、前線の飛行隊へと進んだ。アメリカで訓練を受けた19万3440名のパイロットのうち、さらに12万4000名が合格できなかった。

　1930年代前半の航空機の発展は、第一次世界大戦の先祖からじょじょに脱却しつつあった。1930年代の羽布張りの複葉戦闘機は、もっと古い従兄弟たちより高速だったが、依然として、2挺の機関銃しか装備していな

かったし、固定式の着陸装置を持っていた。その時代の爆撃機はもっとひどかった。飛行機の真の戦闘能力がじょじょに理解されるのは、応力外皮の単葉機が導入されてからだった。こうした新型の戦闘機や爆撃機は、全金属製で、密閉式の操縦席と引き込み式の着陸装置、フラップ、増強された武装を持っていた。はじめて軍に導入されたとき、新型の全金属製スーパーマリン・スピットファイア Mk1 は、1030 馬力のロールスロイス・マーリン・エンジンを搭載し、時速 350 マイル（時速 563 キロ）以上の最高速度を誇っていた。軍で同機と翼をならべる複葉戦闘機のグロスター・グラディエーターは、戦争がはじまったときまだ現役だったが、最高速度は時速 253 マイル（時速 407 キロ）しかなかった。そのちがいは驚くべきものだが、新型のスピットファイアを飛ばすのに必要とされる高度な知識と技量は、より高い技量と能力を持つパイロットを要求した。

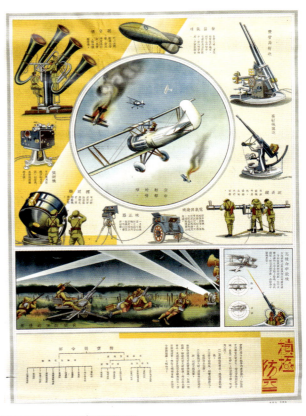

1930 年代の搭乗員訓練は、戦時の要求にまったく対処する準備ができていなかった。スピットファイアや Bf109、カーティス P-40、Ju88、三菱零戦のような新型機には、新しい乗機で作戦訓練を開始する前に少なくとも 250 から 300 時間の飛行時間を持つパイロットが必要だった。搭乗員の訓練は質と量をうまく両立させねばならなかった。さらに第二次世界大戦中には、戦時の要求しだいで変化する柔軟性も持たね

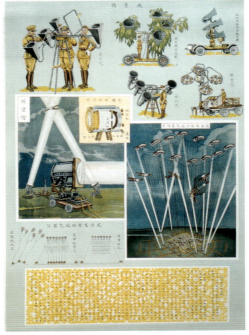

中国のポスター

1930 年代前半、日本は大アジアの支配者になるための計画を立てはじめた。1931 年、日本は中国から満州国を奪取した。侵攻につづいて、何千という日本の植民者がじきにあとを追った。中国内の反日感情は 1937 年 7 月 7 日、北京近郊の盧溝橋で日中軍が衝突すると頂点に達した（一部の歴史家はこれが第二次世界大戦の本当のはじまりだと考えている）。この局地的な銃撃戦で、日本軍は中国大陸のさらなる領土を獲得するためにほしがっていた口実を手に入れた。中国の空軍と地上軍は日本軍の相手ではなかった。さまざまな地方の軍閥もまた自前の飛行隊を持ち、日本軍と戦っていないときは、自分たちで戦いあっていた。

ばならなかった。戦争がはじまったとき、ドイツ軍には高度に訓練された搭乗員があやつる約 4300 機の航空機があった。ドイツ空軍の訓練体制は、年間に 1 万から 1 万 5000 のパイロットを誕生させていた。それにたいして、イギリス軍は 1940 年に 5300 名のパイロットを生みだした。開戦時、

これらの中国のポスターのうち3枚は、防空を専門に取り上げたもので、1930年代中期のあいだに製作された。これらの訓練ポスターは防空の成功に必要な装備と手段を強調している。探照灯、空中聴音機、高射砲照準算定機、測高機、砲、阻塞気球。下のもう1枚のポスターは、航空機と航空母艦の登場を取り上げている。描かれている航空機はイギリス、フランス、イタリア、日本、そしてアメリカのもので、すべてが1920年代後半と1930年代前半の機体だ。中国空軍は各種の航空機を使ったが、すべてヨーロッパやソ連、アメリカから輸入したものだった。

英国空軍の搭乗員訓練には、戦闘機軍団や爆撃軍団が空軍最高会議で占めていたような軍団としての地位も代表も持たなかった。1939年9月の時点で、英国空軍には、エジプトの1校をふくめて、14校の軍訓練学校しかなかった。これらの学校は、ホーカー・ハートやハインド、フューリーといった旧式の複葉機を使っていた。すべて開放式操縦席の飛行機で、航法機器は限られ、無線機は積んでいなかった。戦争が進むと、単葉のマイルズ・マスターとノースアメリカン・ハーヴァード練習機が容易に手に入るようになった。この2種類の飛行機は、戦闘機乗りの訓練には最適だった。一方で、双発のアヴロ・アンソンとエアスピード・オックスフォードは何千という双発機と多発機の搭乗員を訓練して真価を発揮した。イギリスはべつのハンディキャップにも悩まされた——天候である。日が出ている時間は1時間もむだにできなかったので、夜明けから夕暮れまで飛ぶことが日常茶飯事になった。イギリスの海洋気象は飛行訓練を中断させ、草地の飛行場は長雨のあとは使えなくなった。なんとしても解決策を見つける必要があり、じきにイギリスはカナダと英連邦諸国の力を借りた。第二次世界大戦勃発からまもなく、カナダは英連邦航空訓練計画（BCATP）という大がかりな搭乗員訓練計画に着手した。飛行訓練学校は南アフリカとローデシア、オーストラリアにも設立された。

　イギリスが孤立していた1940年後半の暗い日々、ウィンストン・チャーチルには、「ひとつの勝利への道しか見えなかった……ナチの本土への超重爆撃機による完璧に壊滅的な皆殺し攻撃だ」。戦略爆撃の提唱者にとって、「必要とされる兵力の規模に限度はなかった」。戦争は戦略爆撃によって勝つことができ、地上部隊の甚大な損害を避けることができるというチャーチルの信念は、アメリカ陸軍航空軍で多くの支持者を得た。英米軍爆撃機の生産と搭乗員および地上整備員の訓練には最優先権があたえられた。新たな航空機製造工場が建設され、何百という訓練飛行場が造成された。そして、何千何万という飛行マニュアルや整備および慣熟マニュアル、使いかたのポスター、断面図、電気系統と油圧系統の配線配管図が製作された。アメリカでは、飛行機が工

戦闘機の戦術

飛来する爆撃機の空襲を迎撃する方法をパイロット候補生にしめす、戦前のソ連のやや稚拙なこのスケッチは、その単純さにおいて、示唆に富んでいる。1941年6月、ドイツ軍がソ連に侵攻したとき、赤軍空軍は完全に圧倒され、大損害をこうむった。

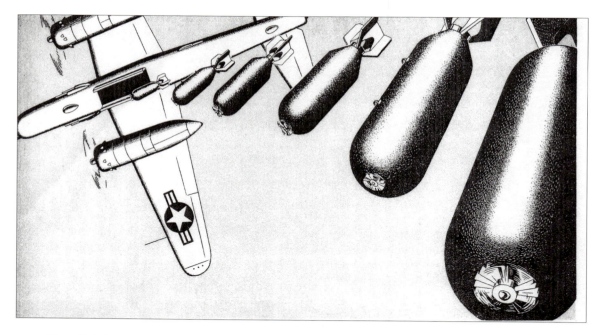

■上■『B-25飛行作戦教育教範』から採ったこの挿絵は、B-25の爆撃を受けるのがどのようなものかをしめしている。爆弾の信管の安全を解除する羽根車が、落下しながら回転している様子が描かれている。

■右■『B-26パイロット訓練マニュアル』の表紙。

■右奥■AM-38エンジンを搭載したIl-2のパイロット教育マニュアルの表紙。Il-2はおそらく第二次世界大戦でもっとも有名なソ連機で、史上もっとも広く生産された飛行機だった。

場を出るとき、「4冊の技術指令書」と呼ばれるものが支給された。この4冊は、『運用および操縦教育ハンドブック』と『整備指示ハンドブック』、『分解修理指示ハンドブック』、そして『図解部品リスト』で構成されていた。しかし、技術指令書は、いったん製作されても、決定版になることはめったになかった――新たな整備方式が生まれたり、同じ飛行機の新しい型が組み立てラインを離れるたびに、たえず改訂された。第二次世界大戦中、アメリカだけで29万9293機の軍用機を製造した。

じきにカナダやアメリカ、ドイツ、ソ連、イギリスの何千というイラストレーターやグラフィックおよびテクニカル・アーティストたちが、何千何万というイラストレーションを忙しく生みだしていった。そのすべてが訓練課程をスピードアップさせるのを助けることを目的としていた。画家

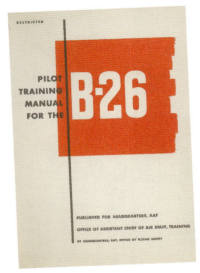

たちの大多数ははじめてこの種の仕事についていたので、仕事をつうじて学ぶ必要があった。こうした図版のスタイルと洗練さの度合いには、大きな差違があった。質の悪い単純な線画もあれば、細部まで細かく描かれ、色彩豊かなものもあった。一例をあげれば、英連邦航空訓練計画のために製作された『軍搭乗員マニュアル』は、連合軍の水準では荒削りな作品で、共通のタイプライター書体と、簡単なものときわめて詳細なものと両方の線画で構成されていた。連続性はなく、印刷された紙は、たぶん一部は戦時下の紙不足のせいで質が悪かった。その一方で、イギリスは空軍省発行の「空軍略図」と呼ばれる大判でフルカラーの教育ポスターを作成する能力もまちがいなく持っていた。ポスターはどれも詳細でみごとに描かれ、敵の飛行機やエンジンの断面図から、使いかたや注意喚起のポスターまで、あらゆるものがあった（本書の図版コレクションにふくまれている最良のイラストレーションの一部は、こうした空軍略図の好例である）。しかし、操縦および整備マニュアルの体裁になんらかの連続性と一貫性を持たせることにかんしては、製造会社にゆだねられていた。そのせいで、マニュアルの質は、各会社が手に入れられる資源によってさまざまだった。現存するマニュアルを調べてみると、よくできたものもあるが、なかには見るからに急造で、どこか不足しているものもある。全体的に、ドイツ軍のマニュアルは図版とイラストレーションにもっとも一貫性があった。連合軍のマニュアルとイラストレーションが枢軸軍の製作したものともっと

ヴァルティーの『パイロット参考覚書』のヴェンジャンスＩ急降下爆撃機

このヴェンジャンスの非常用装備と脱出口についてのごちゃごちゃした図版は、『パイロット参考覚書』に掲載されている。ヴェンジャンスはひとえに英国購入委員会のおかげで生きのびた。同機は1940年9月に最初に発注されたが、ヨーロッパで実戦を経験することはなかった。200機の大半は直接、インドへ送られ、そこでイギリス王国空軍の飛行隊と、インド空軍および王国オーストラリア空軍の飛行隊に配備された。アメリカ陸軍航空軍もヴェンジャンスを機銃手の射撃練習機と標的曳航機として使った。

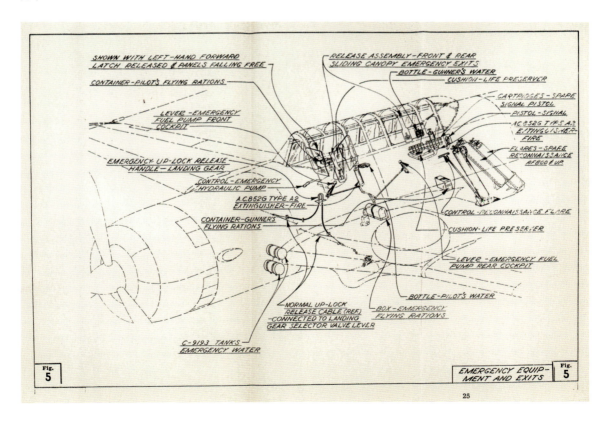

もちがう部分は、その楽観主義とユーモアだった。彼らのマニュアルには、「勝利の翼」といったタイトルがつけられた飛行機の挿絵がちりばめられていた。漫画的なキャラクターも、危険に脚光をあて、搭乗員訓練生を元気づけるために使われた。しかし、ドイツ軍のマニュアルはひじょうにわかりやすく、図版も豊富だったが、最終的な勝利への言及はなかった。

イギリスの産業が航空機と兵器の大量生産に乗りだすと、熟練の画家たちが総合的な図版付きの教育マニュアルを製作する必要が出てきた。そうした画家のひとりがロイ・クロス青年である。1942年、《航空教育隊公報》はロイ・クロスの最初の作品を採用した。当時の若者の大半と同様に、クロスはパイロットになりたかったが、1942年の身体検査で、彼はA2に分類され、無線整備員として英国空軍に入隊する機会をあたえられた。そのころには、クロスは《航空教育隊公報》に何点かのイラストレーションを寄稿していて、やはり《公報》

■上■「勝利の翼」のような楽観的な挿絵は、イギリスのマニュアルではめずらしくなかった。

に寄稿していたジェイムズ・ヘイ・スティーヴンズが、クロスにその注目すべき才能を航空機産業に貸してはどうかと提案した。じきにクロスはフェアリー・エアクラフト・カンパニーで働いていた。彼は誕生間もない同社の技術出版部で働きはじめた。

「この空軍出版物の仕事は、幾分、未発達の段階にあった。アメリカで行

■右■この2点の図版は、三菱百式司令部偵察機二型の整備マニュアルから採ったもの。右側はプロペラ調速器の断面図で、もう1点は無線装置の配線図である。連合軍が製作したマニュアルにくらべ、日本の図版はかなりおおざっぱだ。

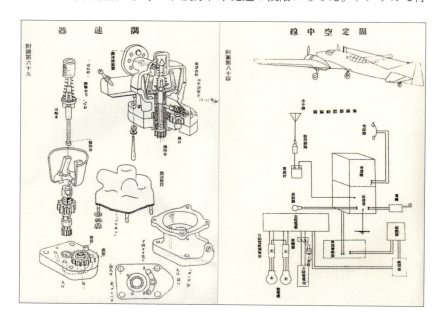

なわれていたことにくらべれば、まちがいなく。なによりもイラストレーションが実際、かなり下手だった。われわれは働きながらじょじょに仕事をおぼえたんだ。わたしが描いた図版のほとんどは構造的なもので、最初の断面図のひとつはファイアフライのだった。初心者だったので、通常の上斜め前から見た構図を使った。航空機を見せるのにいちばんいい構図だ。わたしは《エアロプレーン》誌のジミー・クラークに大きな影響を受けていた。子供のころ、わたしはいってみれば彼を師匠がわりにしていたんだ。

わたしはなめらかで光沢のある種類の厚紙、ブリストル紙に向かい、ペンとインクを使って断面図を製作した。もちろん、製図室は製造ラインから中庭をへだてて真向かいにあったので、その場でスケッチができた。必要なときは、あらゆる青図を手に入れることもできた」

1942年10月、イギリスの参謀長委員会は1943年までイギリスの爆撃機隊に「英米生産の最優先権」をあたえた。戦略爆撃をヨーロッパと太平洋両方の戦争に勝つ手段に使うという政治判断のおかげで、巨大な連合軍の爆撃機隊は、きわめて重要な資源の戦略的利用にかんして、最優先権を得ることになった。そして、アメリカやイギリス、カナダで訓練を受ける搭乗員と地上整備員の大多数は、爆撃部隊に流れこんだ。英国空軍の爆撃軍団は英国空軍の全兵員の5分の1で構成される英国空軍最大の勢力となるまでに拡大し、ドイツ本土深くの目標を攻撃できる連合軍最大の部隊となった。空軍は自分たちがもっとも優秀な者たちを独占し、残りを陸軍と

ロイ・クロスによるファイアフライMkI艦上戦闘機の断面図。

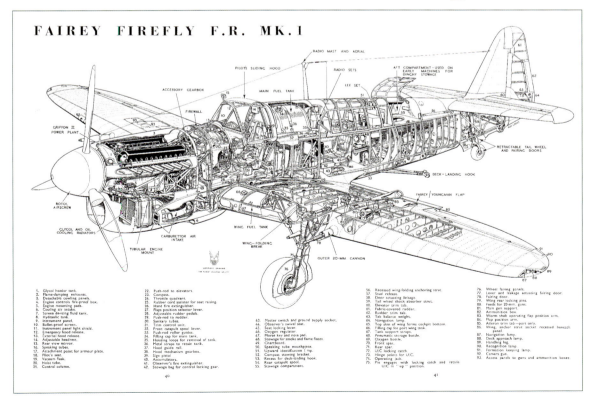

海軍にゆだねたと感じていた。歩兵訓練がほんの数カ月間であったのにたいして、戦時中、搭乗員を作戦可能な水準まで訓練するには1年から3年を要した。

　現地時間1941年12月7日の日本軍による真珠湾攻撃によって、アメリカは戦争に突入した。攻撃前にも、アメリカの飛行学校はイギリスとカナダ両方の搭乗員を訓練するので忙しかった。タフト法をくぐり抜けるために、イギリスの訓練生たちはカナダのビザを発給され、カナダからアメリカに入国した。イギリスの訓練生たちは、公式には基地の外では民間人だったが、基地に戻るとアメリカ陸軍航空隊の規則と規定に常時したがわねばならなかった。ドイツ軍のパイロットも、ヴェルサイユ条約をくぐり抜けるために同様の手段を使っていた。彼らは旅行者のふりをしてひそかに国境を越えてイタリアに入り、イタリア王国空軍で訓練を受けた。

　戦争がヨーロッパを包みこむ前から、アメリカ陸軍航空軍は、パイロットと搭乗員の訓練を拡大する計画を練っていた——1941年には年間でパイロット1200名まで。これはのちに1940年には年間で7000名、1941年には年間で3万名へと修正された。日常の爆撃任務の成功に寄与するた

■次頁上■マニュアルは千差万別だ。時間や資源、製作にあたる人間の才能によって、マニュアルは、すかすかで、ごく簡単な場合も、色鮮やかな図版と興味を引く挿絵でていねいに構成されている場合もあった。『B-17野戦整備マニュアル』は、全体におもむきのあるペン画がちりばめられたマニュアルの一例である。

■下■『B-29機銃手情報ファイル』の表紙と扉ページ。

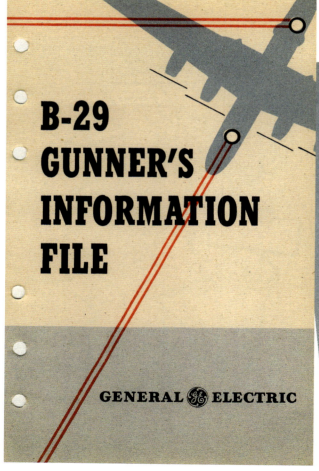

めには500種類以上の技能が必要と見積もられた。アメリカ陸軍航空軍が「日常の」という言葉でなにを意味していたのかは、よくわからない。しかし、生きのびるじゅうぶんな可能性を持って、現代の戦闘機や爆撃機を飛ばすためには、最短時間で良質の搭乗員を作りだせる訓練体制の力を借りて、各作戦機とその能力を新たに理解することが必要であるのは、明白

だった。第一次世界大戦では、ほとんどのパイロットは乗機の操縦法をまだ学びながら前線に出たが、第二次世界大戦のパイロットは前線飛行隊に配属される前に空中と地上で何百時間もすごす必要があった。第一次世界大戦の戦闘機乗りのロマンティックなイメージと、空を飛ぶことは歩兵隊にくわわるより安全だという信仰（ただしカナダ空軍の数字によれば、全空軍の死傷者の92パーセントが致命傷だったが、それにたいしてカナダ陸軍では30パーセントだった）に魅了されて、何千という若者が新兵補充部に殺到した。多くは不合格とされ、さらに何千が訓練中に失格した。戦争が進むにつれて、新たな必要が、パイロット訓練体制にたえまなく変化する要求をつきつけ、定数を満たす圧力が、卒業生の質に悪影響をおよぼした。驚くべきことに、多数の搭乗員が必要となった1944年までは、飛行学校の校長は数値目標を達成できなかったせいで日常的に交代させられていた。卒業水準の低下は、必然的な結果だった。必要とされる搭乗員が少なくなると、脱落率は意図的に上昇した。

英連邦航空訓練計画（BCATP）の訓練の長い過程は、搭乗員選考委員会ではじまった。そこで若い志願者は2、3人の将校の面接を受け、彼の運命は数分以内に決定される。2度目の機会はなく、委員会を印象づけられなければ、彼の足が地上を離れることはない。合格した候補者には、搭乗員訓練の組み立てライン過程がはじまることになる。新しい訓練生のつぎの停車駅

■下■「時間もまた飛ぶようにすぎていく！」『軍搭乗員マニュアル』で使われた漫画の一例。作者は不明である。

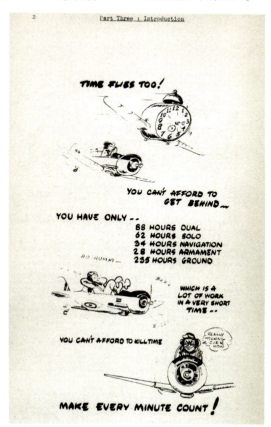

■上■ハーヴァード練習機の操縦席に乗りこむ若きパイロット訓練生。

■下■飛行の原理。この挿絵は飛行に必須の4つの力、推力、揚力、抗力、重力をしめしている。

■次頁■
パイロット資格書式
ロバート・バウチャー少尉のパイロット資格書式を見ると、1944年には高度な技量を持つ夜間戦闘機パイロットを作りだすのに正確に何時間かかったのかがわかる。

は人員補充部で、そこで彼はまたしても一連の面接と講義、試験、そして何時間もの軍事教練に直面する。そこではさらに現代のフライト・シミュレーターの1940年代版であるリンク・トレーナーで1、2時間すごす。1930年代にアメリカで開発されたリンク・トレーナーは、パイロットに計器飛行を訓練するために使われ、当時としてはひじょうに高性能の機械だった。もしパイロット志願者に操縦装置を連係させる才能がほとんど見られない場合には、すぐに航法士か爆撃照準手、無線通信手兼機銃手、あるいは機銃手になるよう求められることになる。リンクの経験を生きのびた者たちは、すぐに基礎飛行訓練学校（EFTS）に送られる。スピットファイアを手に入れたくてじりじりしている者たちは、がっかりする。彼らを待っているのは複座のデハヴィランド・タイガーモスかフリート・フィンチだった――いずれも羽布張りで開放式操縦席の複葉機だ。

爆撃機パイロットだったカナダ人のマレー・ピーデンは著書『千人が倒れても』のなかで、タイガーモスでの初期の訓練をこう描写している。「外ではどこを見てもタイガーモスがあった。数えたことはないが、基地には全部で約60機があった。

低速で飛ぶ飛行機はこの仕事にはうってつけだったが、変な癖もあった。主翼がだだっ広いので、風の強い日には着陸がやっかいだったし、たえず飛ばさなければならなかった。わたしはしだいに少し自信をつけた。もっとも、最初、飛行機を単純にまっすぐ水平にたもとうとしていたときには、方向舵を中央にして、タイガーの偏揺れを止めた瞬間、ほかにふた

第2章　きょうは仕事ではない

つか3つの問題が持ち上がったように思えた」

　若いパイロット学生がはじめて空気より重い飛行の神秘に面と向かうのは、基礎飛行訓練学校だった。3次元で学ぶのがなにより重要なことだった。第一段階は、効果をおよぼす見えない空気力を手なずけて、飛行機が空気力のいいなりにならないようにするために、操縦桿と方向舵ペダルをどのように使えるかを教えることだった。パイロット学生は抗力や揚力、縦の安定性、迎角、失速、きりもみ、横滑りにかんする大量の情報に直面した——それがなぜ起きるか、そしてそれに対処する正しい方法について。地上では、すべてが理解できた。もちろん、いったん空に上がると、黒板の言葉はたちまち消えて、若いパイロットはすぐに自分が新しい力と戦っていることに気づいた——パニックと。しかし、それが唯一のやりかただった。狭い操縦席に押しこめられて、ハリケーンなみの風に吹かれながら、若い補充兵は恐怖を克服して、それから飛行機を制御しなければならない。多くはそれができなかった。平均して、4人にひとりが基礎訓練中に落第した。

　3カ月間飛行して、約78時間を記録すると、新米生徒はつぎに軍飛行訓練学校（SFTS）に配属される。ここではもっと大きくて馬力のあるノースアメリカン・ハーヴァードやイェールのような飛行機の出番だ。多発機に選ばれた者たちはアンソンやオックスフォード、あるいはセスナ・クレーンに移行する。新米パイロットが飛行訓練の上の課程に進むと、飛ばす飛行機はより大きな課題を提示する。完全密閉式の操縦席を持つハーヴァードは、大きなプラット＆ホイットニーの星型エンジンを動力とする計器の塊で、低速では主翼が下がって、スピンに入ることがあった。ハーヴァードを扱えるようになると、今度は高性能の戦闘機に進むことができる。さらに3カ月半がすぎ、20時間の夜間飛行を含む120飛行時間を記録すると、生徒はついにパイロットの翼状徽章を授与される。合計時間は200時間だ。

　しかし、飛ぶことだけが飛行学校ではなかった。地上の学校もまた大きな一部だった。そこで新米搭乗員補充兵は、自分の飛行機と、その仕組みについて学ばねばならなかった。また航法や航空機識別、

LESTER B. BONER

Lester Boner is one of those guys
　　Who tries to impress you as being wise.
As a technician he's not so bright;
　　He makes no effort to see if he's right.
On critical jobs he's so likely to fail,
　　We can trust him only with mop and pail.

飛行の原理、無線符丁と通信、応急手当、油圧系統と電気系統についても通暁する必要があった。パイロットはそれら以上のことをなんでも知っていなければならない。海外で訓練を受けた搭乗員の多くは、イギリスに到着すると、高等飛行部隊（AFU）に配属され、そこでイギリスの気象条件と燈火管制下で飛行することを学んだ。カナダの飛行条件にくらべると、イギリス上空の霧や雨、とぼしい視程は驚くべきものだった。前線飛行隊に配属される前の第二の最終段階は、作戦訓練部隊（OTU）だった。もし爆撃機のパイロットなら、はじめて乗機の搭乗員の残りと合流することになる。そこで彼はほかの搭乗員仲間とチームとして協力する方法を学ぶ。とうの昔に作戦飛行から引き揚げられた飛行機で、燈火管制下のイギリスの地方上空を飛行して、何時間もがついやされた。作戦訓練部隊の飛行機の多くは、「出力レベルを下げて」あった。つまりパイロッ

■上■
『B-24整備および教育マニュアル』

B-24D爆撃機のマニュアルの前のほうのページに掲載されたこの挿絵と詩は、あきらかに訓練生に挑戦に失敗した場合の運命を教えることを意図している。

■右■このめずらしい戦時中のカラー写真は、訓練飛行の準備をするフェアリー・バトル練習機をとらえている。バトルは機銃手と爆撃手の訓練に使われた。

トがスロットルを最大出力まで開けないということだ。さもないと、エンジンが吹き飛ぶかもしれない。若いパイロットと搭乗員が訓練のこの部分を生きのびると、作戦訓練前のつぎの最終段階は、重機種転換部隊（HCU）だった。ここで新米搭乗員たちは、彼らが作戦で使う航空機の飛ばしかたを学ぶことになる。またしてもこれらの飛行機は、使い古されて、とうに最盛期をすぎていた。飛行機が飛び立って、そのまま行方不明になることもめずらしくなかった。よく訓練された搭乗員が、自分たちの飛ばしている飛行機があっさり空中分解したせいで命を落とした（戦時中、8195名の爆撃軍団の搭乗員が飛行中あるいは地上の事故で死んでいる）。

スペンサー・ダンモアとウィリアム・カーターの共著『つむじ風を刈り取って』で、英国空軍の地上整備員ビル・ジョンスンは戦争で酷使された飛行機をこう表現している。「使いこまれた古い機体は、離陸するのに滑走路を端から端まで必要とした。使い古したマーリン・エンジンは、まったくいつもどおりに心地よい音を響かせたが、もはや馬力がなかった。わたしは3マイル（4.8キロ）も遠ざかったのにまだ地上から200フィート（61メートル）ほどしか上昇していないハリファックスとランカスターを両方とも見たことがある」

訓練体制の要求は切実だったため、1943年前半には英国空軍爆撃軍団の5300機の中型爆撃機および重爆撃機のうち、戦闘よりも訓練に使われた機体のほうが多かったほどだった。この厳しい訓練の期間を終えると、300時間以上の飛行時間を経験した新米パイロットは、実戦飛行隊に配属されることになる。この最後の段階で落第したパイロットの多くは、ふたたび訓練課程に入りなおし、航法士や無線通信手、爆撃照準手、機銃手になる。それらの課程は機銃手の場合で6週間、航法士と爆撃照準手では最大26週間つづいた。

ドイツ軍にたいする航空戦のもうひとつの主要な参加国がソ連だった。1941年のドイツ軍によるソ連侵攻は、ソ連軍戦闘機と爆撃機が劣ってい

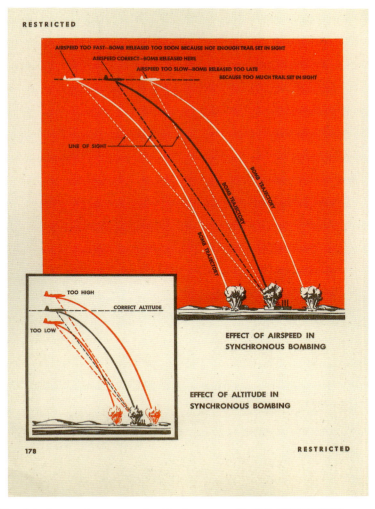

B-26の同期爆撃

爆撃照準器は、爆撃手が計算したデータを入力すれば、特定の種類の爆弾を選択された目標に命中させるために投下しなければならない空中の正しい地点を割り出してくれる。

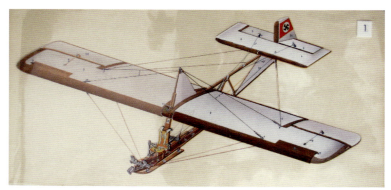
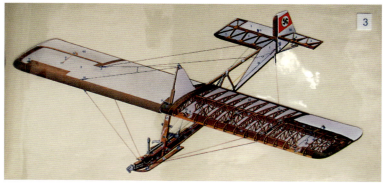

第一次世界大戦後、ドイツの滑空クラブは、ドイツの軍用機保有を禁じたヴェルサイユ条約の裏をかくために設立された。12歳から17歳のヒトラー青少年団の若者たちに空を飛ぶことを奨励するために国家社会主義者飛行団（NSFK）が創設された。この断面図は、彼らが使った初級グライダーであるSG-38のシンプルな木とキャンバスの構造をしめしている。

ることをまざまざとしめしただけでなく、当時実施されていた訓練制度の悲惨さをあきらかにした。1930年代のスターリンの粛清でソ連空軍は最良の指揮官たちを失った。1941年9月には、ソ連の航空力の損失は、推定7500機に達していた。1943年には、ソ連の戦闘機と爆撃機部隊が劇的な改善を遂げたことが、ソ連空軍にかんするドイツ軍の評価で確認された。ドイツ空軍の戦闘機と爆撃機のパイロットたちはもはや最初の2年の戦闘中に経験したように自由に行動することはできなかった。第二次世界大戦が終わるころには、ソ連空軍は世界最強の戦術航空部隊となっていた。開戦時にソ連空軍は7321機の航空機を有していたが、その大半は旧式だった。それがベルリンにたいする最後の攻撃だけで、ソ連空軍は7500機もの近代的な作戦機を投入したのである。

アメリカにおける訓練も同じパターンを踏襲していた。基礎飛行訓練学校（EFTS）にあたるのは初等飛行訓練で、軍飛行訓練学校（SFTS）は高等飛行訓練、そして作戦訓練部隊（OTU）は機種転換飛行訓練だった。

ドイツや日本、イタリアの場合、搭乗員訓練はごく短期間にすばらしいものからひどいものへと変わった。開戦時、日本軍の一線戦闘機乗りのほとんどは600時間以上の飛行時間を持ち、飛行隊長の平均飛行時間は2000時間で、多くが中国大陸で実戦を経験していた。1945年には、その数字は250時間にまで低下し、最低は150時間だった。ドイツ軍も同様の状況にあり、スペイン内戦で貴重な戦闘経験を得ていた。しかし、戦争が進み、損害が増加すると、枢軸軍航空部隊は米英加豪ソの航空部隊連合のパイロットと搭乗員の誕生数に対応できなかった。

1942年末には、ドイツ空軍は3つの戦線で戦っていた——ソ連と地中海、そして大西洋で。ドイツは新人戦闘機パイロットの数を1942年の

1662名から1943年には3276名と倍増させることにたしかに成功した。しかし、それは3つの戦線の損失（2870名）をほとんど埋め合わせることにはならなかった。パイロットと熟練搭乗員の損耗はおそらくドイツ空軍の最終的な壊滅のもっとも重要な要素だった。人的損害が多大だったために、ドイツ軍は空っぽの操縦席をなんとしても埋めようとして、訓練を短縮せざるを得なかった。その結果は痛ましいものだった。先輩たちより技量の劣る新米パイロットは、より早い割合で失われた。おかげで訓練施設はさらに技量の劣るパイロットをより多く作りださねばならなかった。これは逃げ道のない死のスパイラルだった。その証拠に、統計によれば、100機以上を撃墜したドイツ軍のエース107名のうち、1942年中期以降に実戦にくわわったのは8名にすぎない。1943年のドイツ空軍は実際にはふたつのべつの空軍だった。残っているエースたち——ハルトマンやガラント、ラルのような者たち——と、大部分はいまだに乗機を着陸させるのに四苦八苦している残りの者たちである。

太平洋では、日本軍の勢力拡大は、ミッドウェイ海戦と、ガダルカナルおよびニューギニアでの空戦と陸戦以降、阻止されていた。この決定的な戦いでは、日本のもっとも経験豊富なパイロットの多くが戦死した。戦後、航空技術情報グループが行なった日本軍将兵への聞き取り調査は、厳しい現実をあきらかにしている。「飛龍（飛龍はミッドウェイ海戦で沈んだ4隻の日本海軍空母の1隻）は、直撃を受けたとき30ノットを出していて、そのあともしばらくその速力を維持していたが、じょじょに停止した。川口大佐がいったように、機関部員が全員、艦内の火災と爆発で戦死したからだ。飛龍に所属していた150名の飛行要員のうち、海戦を生きのびて日本に帰ったのは20名だけだった」

ドイツ軍と日本軍は、イギリス軍とアメリカ軍とちがって、搭乗員に

メルセデスベンツ・ドッペルモートルDB610エンジンと、シュール・グライター38（SG-38）訓練用グライダーの部品リスト・マニュアルの表紙。

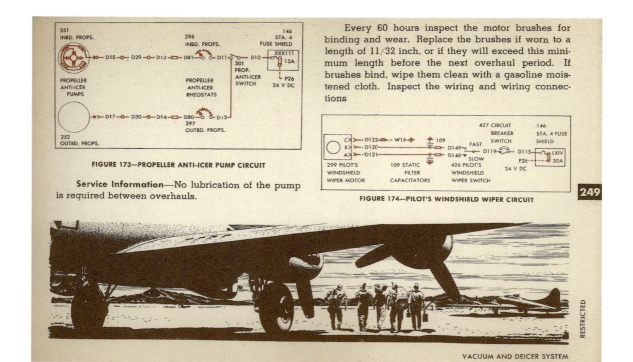

この情緒豊かなペン画は『B-17野戦整備マニュアル』に掲載されている。

勤務期間をもうけていなかった。経験を積んだアメリカと英連邦の搭乗員は、戦闘地域から交代で離れて、訓練体系に戻っていったのにたいして、ドイツと日本の搭乗員は戦死するか、飛行に耐えられる健康状態ではないとリストアップされるまで飛びつづけた。さらに多くのパイロットがより少ない飛行時間で前線に無理やり送りこまれた。教官と燃料、飛行機の不足が混乱にいっそう拍車をかけた。人員不足がひどかったので、日本軍は学生を飛行教官として使わざるを得なかった。最後には死にものぐるいで、何千名もが神風パイロットとして使われた。連合軍の訓練体系が改善し、拡大する一方で、枢軸軍が直面したのは、欠乏と殺戮、そして敗北のみだった。

　航空技術情報グループはさらに以下のことを発見した。「聞き取りをした日本の訓練関係者と事故調査関係者は最後に、もし時間と施設と自由裁量があたえられたら、航空機事故をふせぐためになにをしただろうかと質問された。飯島少佐は（もっとも情報に通じた陸軍の視点を代表して）、こう提案した。映画やポスター、挿絵入りの教科書をもっと広範囲に効果的に利用する」

　終戦時には、訓練された連合軍パイロットの蓄積は1000名単位で数えることができた。1944年9月、オランダのアルンヘムに約1万名のパラシュートおよびグライダー空輸部隊が降下し、3000名以下しか戻ってこなかったために、陸軍にはグライダーのパイロットが絶望的に足りなくなった。陸軍はグライダーに転換するために英国空軍のパイロットを約1500名借りることができ、海外の飛行訓練計画が予定も考えもしていなかった

才能の宝庫を提供してくれることを実証した。結局、英国空軍はイギリスで8万8000名の搭乗員を訓練することができた。英連邦航空訓練計画のもとでは、1939年から1945年までに34万名の英連邦搭乗員が訓練を受けた。カナダの貢献は多大だった。全連合国から、全体の44パーセントに相当する、13万名以上の搭乗員が、カナダで訓練を受けた。その数字のなかには、2000名のフランス人、900名のチェコ人、677名のノルウェー人、450名のポーランド人、そしてほぼ同数のベルギー人とオランダ人搭乗員がふくまれる。アメリカでは1939年7月1日から1945年8月31日のあいだに、陸軍航空軍高等飛行訓練学校から19万3440名のパイロットをはじめ、34万7236名の機銃手、49万7533名の整備員、19万5422名の無線整備員と無線通信手、5万976名の航法士、そして4万7354名の爆撃手が卒業した。何千という連合軍の搭乗員もアメリカの訓練体系を修了した。1941年5月から1945年末までに、海外31ヵ国出身の2万1302名の搭乗員がアメリカの飛行および技術学校を卒業した。1万2561名がイギリス人で、2238名が中国人、4113名がフランス人、532名がオランダ人だった。

　第二次世界大戦では航空戦力が決定的に重要であることが実証された。連合軍航空部隊はもっとも優秀な装備を持ち、もっともよく訓練され、卓越した指揮官にひきいられていた。連合軍航空部隊の拡大と高度化は、戦争が進むにつれて変化していったパイロットの訓練に要する時間に反映されている。1940年にはパイロットの訓練に25週間を要したが、1942年にはそれが38週間に増大し、1944年2月には50週間に達した。

1944年夏、ハリファックス爆撃機のハーキュリーズ・エンジンに取り組む第420飛行中隊の整備員たち。

CHAPTER 3　Lessons Learned — Into the Fire

第3章 学んだ教訓
——戦火の中へ

「戦闘部隊にプリマドンナの居場所はない」
——『B-26 パイロット訓練マニュアル』

　第二次世界大戦における航空戦の成功は、かかわった搭乗員と地上整備員の技量に大きく依存していた。よく訓練された搭乗員が、優秀な戦闘機と爆撃機と相まって、じつに手強い戦闘部隊を作りだしたのである。主要交戦国が開戦時に保有していた航空機は、ひじょうに似かよっていた。Bf109やスピットファイア、零戦のような単座戦闘機はすべて1930年代後半に設計され、操縦席の計器類や光像式照準器、機関砲と安全解除回路をふくむ複数の搭載銃火器、空対地と空対空両方の通信装置、発電機とほかの装備に電力を送る回路、油圧系統と着陸装置作動系統、酸素供給装置、航法と夜戦用のレーダーを同じように装備していた。

　しかし、戦争が進むにつれて、軍用機の複雑さと高度さは飛躍的に進化をつづけた。搭乗員は増大する要求にこたえるためにたえず訓練と再訓練をかさねた。1945年6月に第143タイフーン飛行大隊のF・G・グラント空軍中佐が書いた覚え書きは、たえまない訓練の重要性をこう描写している。

　爆弾と機関砲を使った対地攻撃任務をパイロットに訓練するさいには、模擬作戦状況下での飛行をたえず行なわねばならない。急降下爆撃はとりわけ常時の訓練が必要とされる。案内となる目盛

1944年8月、エンジン交換中の第442飛行中隊のスピットファイア。

『モスキートFB Mk26 整備および説明必携』

このすばらしいペン画は、雲のあいだを飛翔するモスキート戦闘爆撃機を描いている。第二次世界大戦中、この型式は338機が製造された（訳注：Mk26の前のFBは戦闘爆撃機型を表す）。

り付き照準器がないため、現在の昼間パイロットは経験でしか目標に命中させられないからだ。象限儀と地対空管制をそなえた急降下爆撃訓練場を利用できるのが望ましいし、以下の「禁止事項」を遵守せねばならない。

目標に接近するさいには編隊をくずしてはならない。
浅く降下しすぎてはならない。最低でも60度で降下せよ。
あまり高い高度で投下してはならない。さもないと確実にはずすだろう。2500から2000フィートで投下せよ。
リベットを全部、飛びださせてはならない。地上整備員が不満たらたらになる。
引き起こして編隊に再集合するとき、自分の飛行隊を見つけられずに仲間を当惑させてはならない。

　機銃掃射の訓練では、通常の黒点的をそなえた、適切な地上射爆場を用意せねばならない。現実さながらの機銃掃射のために、METと戦車を分散配置すること。

はじめて飛行機はごく特定の任務を遂行できる、じゅうぶんな装備をととのえた兵器プラットフォームになった。たとえば、レーダーを装備した夜間戦闘機は、長い飛行時間を持つきわめて熟練したパイロットと、よく

訓練されたレーダー手を必要とし、それぞれが自分たちを目標に誘導する地上レーダーと協力して働く必要があった。

現代の夜間戦闘機隊で要求される技量のレベルはきわめて高く、悪天候時の飛行の技能は、極度に不利な飛行条件でも搭乗員が作戦可能になるまで上達させねばならない。そうした能力はチームワークと団結心を築きあげることによってのみ達成できる。パイロットと航法士がいずれも各自の仕事には優秀だが、調和のとれたチームとして機能できないようでは、じゅうぶんではない。その一方で、いずれも平均的な能力のパイロットと航法士が、その性格と気性が効果的に溶け合って、全体が個々のそれをはるかに超える潜在能力を持った戦闘単位へと変わることもめずらしい光景ではない。

パイロットと航法士はイギリスの夜間戦闘機作戦訓練部隊に到着してはじめて顔を合わせる。パイロットは特別な高等飛行部隊課程を修了して、制式機を昼と夜の両方飛ばした経験を持っている。航法士は推測空中航法の課程を完全に終え、夜間の迎撃の基本原理を教える専門学校を無事修了している。その課程では、あわせて75時間の飛行——うち25時間が夜間だ——を終えている。

経験から、搭乗員が飛行隊で最大の能力の頂点に達するには、少なくとも6カ月を要することがわかっている。
　　　　　——『搭乗員訓練公報』第19号、1944年8月

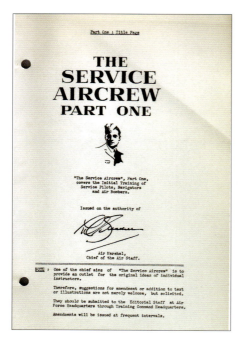

『軍搭乗員マニュアル第1部』の扉ページ。

■下■機体整備員が操縦室の風防ガラスを拭く一方で、機首のボールトン・ポール・タイプC MkI銃塔の銃身を掃除する武器整備員。

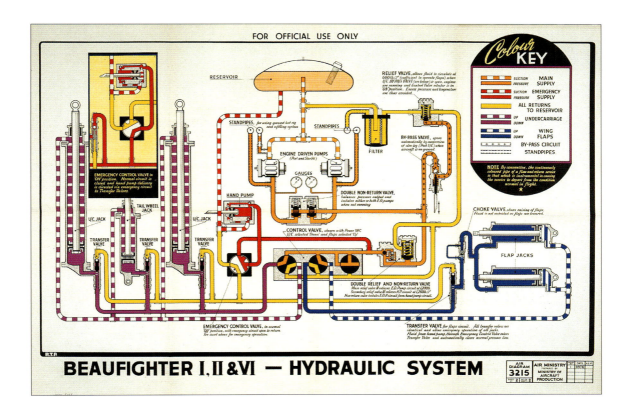

ボーファイターの油圧系統

ブリストル・ボーファイターの油圧系統の簡略図。

　搭乗員は第二次世界大戦でもっとも高度の訓練を受けた戦闘員で、「栄光の男たち」と見なされているが、その技能と能力なくしては飛行機乗りたちも空に飛び立つことはない、べつの集団がいた。それは、地に足をつけ、戦争が終わるまで1日24時間、週に7日待機する地上整備員だった。国籍に関係なく、戦時中の飛行士は全員、地上整備員に最高の敬意をはらっていた。あらゆる戦域で、この男たちは猛暑と極寒と戦い、病気と泥、ほこり、退屈、疲労と戦った。1943年、爆撃軍団のハリス空軍大将はこのメッセージで地上整備員を讃えた。「1月20日、1038機の定数のうちで1030機の飛行機が使用可能だった。このような困難な状況下で作業しなければならないというときに、この記録はほとんど信じがたいものである。この偉業に関係がある全員にわたしから感謝と祝いの言葉を述べる。諸君は、搭乗員についで、この戦争を遂行する上で主役を演じている」太平洋の整備員は、ヨーロッパ戦線の同僚たちよりはるかにひどい境遇にあった。地上整備員にとって、整備マニュアルは聖書であり、何千何万というイラストレーションや図版、図表が作成された理由だった——彼らが飛行機を飛びつづけさせるのを助けるために。

　一般的なアメリカの四発爆撃機は、1万2000もの部品で構成されていた。そのひとつひとつが、摩耗や損傷や戦闘のせいで、ある時点で交換しなければならない。B-17の搭乗員は10名で構成されたが、同機を飛ばしつづけるのに必要な地上整備員の人数はその数を超えていた。第二次世

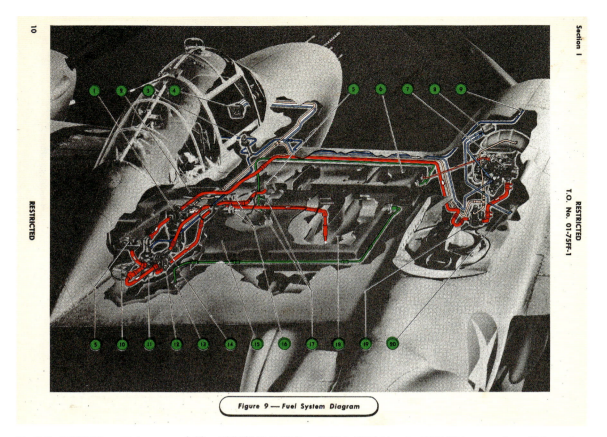

Figure 9 — Fuel System Diagram

P-38の燃料システム

アメリカのマニュアルには、写真とグラフィック要素が効果的に組み合わされたものもあった。この分解断面図は、P-38ライトニング戦闘機の燃料系統をしめしている。

大戦の重爆撃機は戦争の複雑な道具だった。過給器やエンジン、羽布とドープ塗料、武装、油圧系統、電気系統、飛行計器、プロペラ、パラシュート艤装、板金と溶接、そして木工技術を専門とする、よく訓練された地上整備員が必要だった。

どの航空機にも地上整備員がいて、機付長に監督されていた。受け持ちの航空機を使用可能にたもち、つぎの任務にそなえさせるのが彼らの仕事だった。そして、その仕事は大変なものだった。もし150機の爆撃機と75機の護衛戦闘機を使って、仮に昼間爆撃任務をやらせるとすると、数字はだいたいこのようなものになる。10機が敵地上空で撃墜され、6機が代替飛行場に着陸を余儀なくされ、25機が激しい損害を受け、50機が中程度の損害、25機が軽微な損害を受けて、109機が無傷だったと仮定しよう。6機の不時着機は整備に7200人時を要する。激しい損害を受けた25機は1機につき平均で450人時で、合計すると1万1250人時になる。50機の中程度の損害は、平均300人時で、合計は1万5000人時、25機の軽微な損害は、平均150人時で、合計は3750人時になる。修理だけ(使用ではなく)に必要な整備の合計は、3万7200人時で、775名の48時間分の労働量に相当する。修理と整備作業の大半は、いずれの陣営でも夜間に、どんな天候でも行なわねばならなかった。疲労は忠実な友だった。そして、米英の搭乗員は割り当てられた飛行任務を遂行すれば帰国できたが、地上

整備員は戦時中ずっとその場に足止めされていた。地上整備員は仕事に大きな誇りを持っていて、自分たちが作業する飛行機を自分のものと考えていた。こうした人々の献身と能力がなければ、第二次世界大戦で連合軍航空部隊が遂げた長足の進歩は不可能だったことだろう。

　戦争が終わると、戦争遂行努力に必要不可欠だったマニュアルやポスター、イラストレーションは、すぐに忘れ去られた。戦争機械が金属として溶かされつつあったのと同じように、そうしたものも破棄されて、灰になった。帰国した何千何万という搭乗員と地上整備員にとって、戦争という考えは、新たなはじまりとよりよい生活への希望へと変わった。彼らのほとんどは二度と再び断面図や使用法のポスターを見たくはなかった。戦争のために創作力を利用されたイラストレーターや画家たちは、べつの活動に移っていき、彼らの作品は半世紀以上後にはほとんどふりかえられなくなっている。それでも、ひじょうに危機的だった数年間、この画家たちは紙にペンを走らせ、戦争を遂行して同時に生きのびるための「ハウツー」ガイドを生みだしたのである。以降のページの図版は、戦争の企みをたしかに垣間見せてくれる──必要とされる資源とテクノロジー、発揮される知力──が、戦争が機械だけで戦われるものではないこともまた思いださせてくれるはずだ。戦争は人間によって戦われ、最大の代償は命そのものなのである。

『ブラックウィドウ操縦マニュアル』に掲載されたブラックウィドウの射撃装備

恐るべきP-61ブラックウィドウの搭乗員は、パイロット、レーダー手、機銃手だった。実用化されたなかでもっとも重武装の連合軍夜間戦闘機で、4連装の背面銃塔を持つ唯一の機体だった。

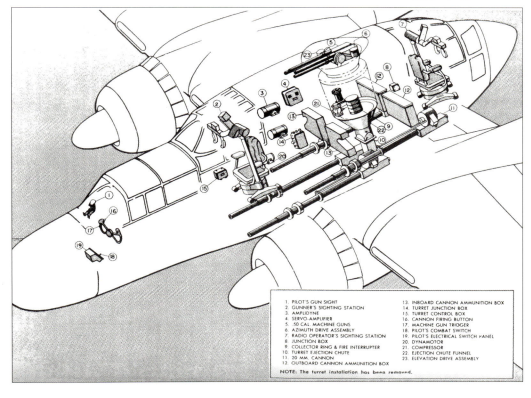

CHAPTER 4 **Image Collections**

第4章 各国図版コレクション

Great Britain

イギリス

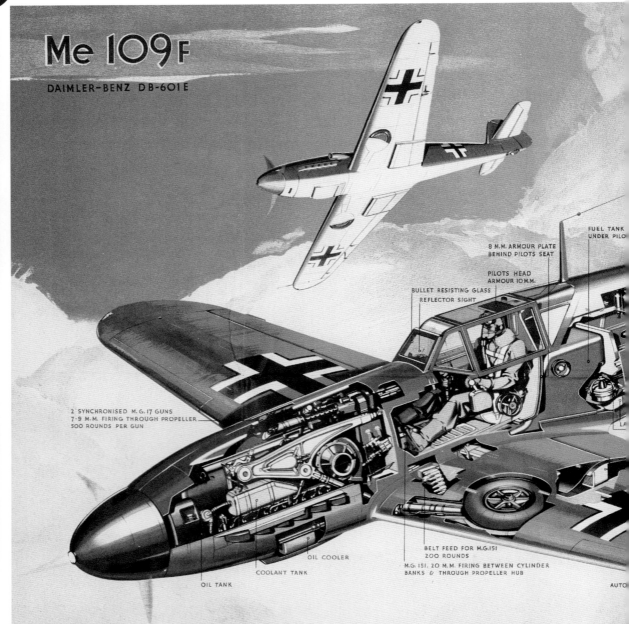

メッサーシュミット Me109F

より強力なエンジンを搭載し、空力学的にも洗練されたBf109Fは、1941年春にその発展の頂点に達したと見なされた。スピットファイアMkVと同時期に導入されたフリードリヒ-2つまりF-2型は、最大速度が高度1万9700フィート（約6000メートル）で時速373マイル（約604キロ）で、高空ではスピットファイアMkVにかなり近い性能を誇っていた。しかし、低空では、新型のBf109Fは性能でまさり、高度1万フィート（3048メートル）でスピットファイアMkVより時速27マイル（約43キロ）速かった。上昇性能もまさっていた（訳注：メッサーシュミット機の会社略号は最初、旧社名のBfだったが、1938年に社名変更によりMeに変わった。それ以前に設計された機種は、依然としてBf109やBf110のように呼ばれることがある）。

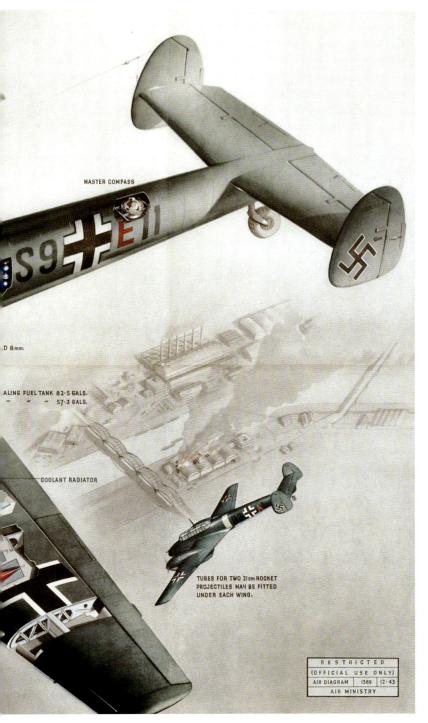

メッサーシュミット Me110G

戦争勃発前には、ドイツ空軍の航空機にかんする資料は豊富に手に入った。その大半は1936年から1940年のあいだに公開文献で出版されたものだ。戦雲が垂れこめてくると、ドイツ空軍の装備にかんするイギリスの知識は衝撃的なほど不十分だった。「公式の」断面図はなく、公開された出版物に掲載されたものはひいき目に見ても不正確だった。1940年1月、数機のMe110がフランスに墜落して、調査できるようになった。英国本土航空戦後、英国空軍は調査のため数機のMe110を入手した。1943年、ヒューバート・レッドミルのひじょうに詳細で正確なフルカラーの断面図がついに登場した。

　Me110G型は、2基のDB-605エンジンを搭載し、戦争でもっとも重武装の戦闘機のひとつだった。さらに最大の成功をおさめた夜間戦闘機で、ほかの夜間戦闘機を全部合わせたよりも多くの英国空軍重爆撃機を撃墜した。合計して6050機のMe110が納入された。

イギリス

Fw 190

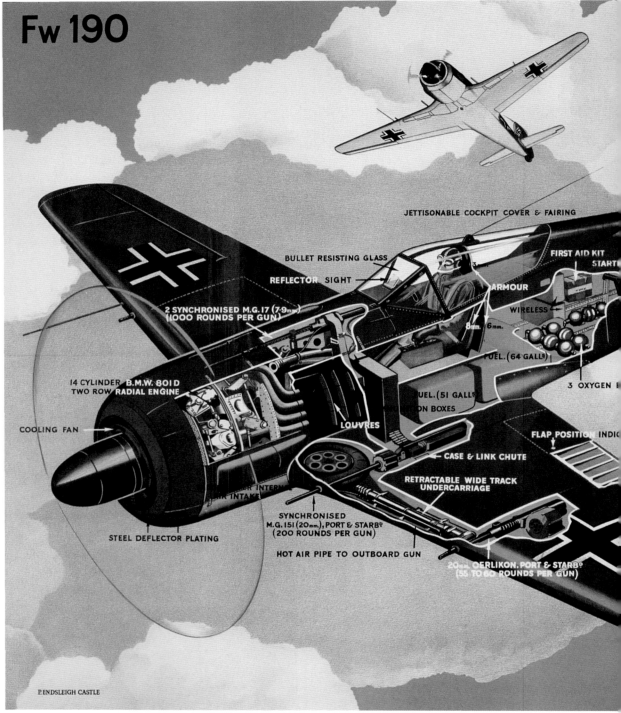

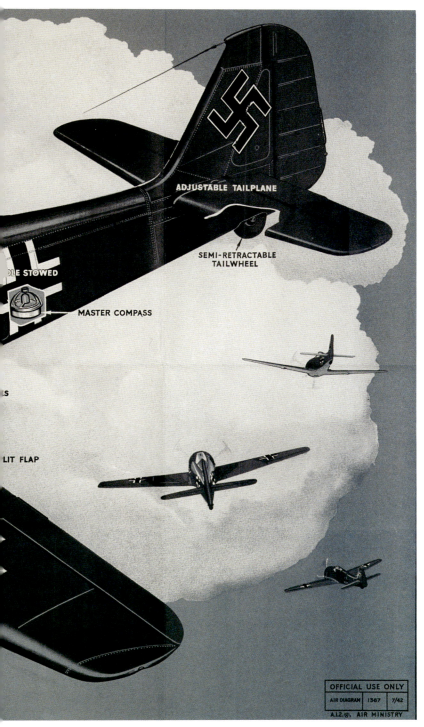

フォッケウルフ Fw190

「この断面図は、アルニム・ファーバーが乗機のFw190をペンブリー・ウェールズに不時着させたあと、至急の要請で、1941年6月のある週末に完成するよう注文を受けたものだ。Fw190は当時、スピットファイアを撃墜していて、これはわれわれが性能を評価して、戦闘機部隊に詳細なイラストレーションを配布するために手に入れた最初の機体だった。急いで製作したイラストレーションには、技術的な特徴のキャプションを全部、手書きしたこともふくまれていた。そんなに急いでがんばったのに、行政機関の複製部は発行を1942年9月まで遅らせてしまったんだ」ピーター・カースル、2004年

ユンカース Ju88C

1940年12月、《フライト》誌は、Ju88を「数多くのひらめきの集合だが、機能していないので、優秀な飛行機ではない」と書いた。多くの人間がドイツ側ではモスキートに匹敵すると考えている飛行機を酷評した言葉である。

　Ju88はかつて製造されたなかでも屈指の万能作戦機となった。ドイツ上空ではJu88は夜間戦闘機としてうってつけだった。すばらしい航続力と強力な武装を持ち、割り当てられた任務に必要な余分の装備を搭載するじゅうぶんなスペースがあった。戦時中、ドイツの夜間戦闘機部隊は7400機の敵機を撃破した。

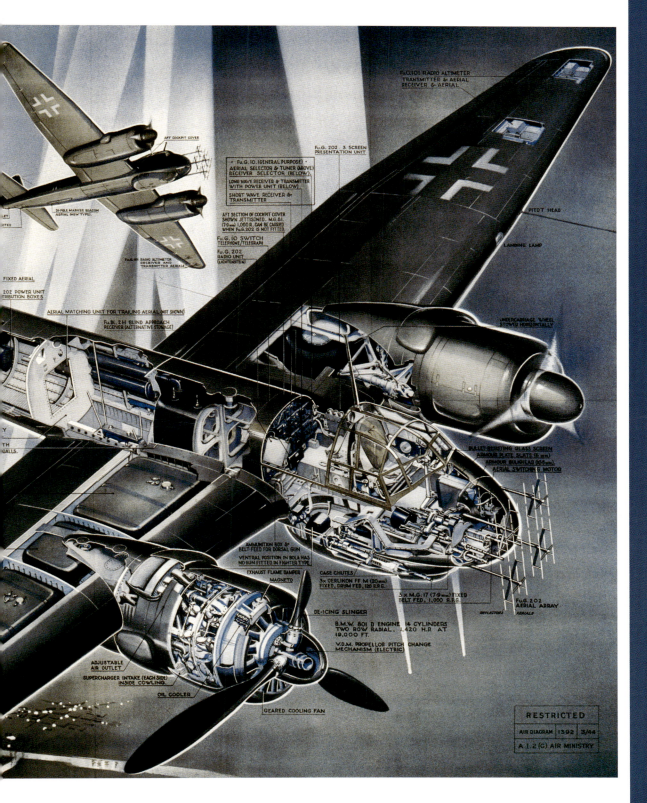

ユンカース Ju87

一般に「シュトゥーカ（スツーカ）」（ドイツ語で急降下爆撃機を意味するシュトゥルツカンプフフルークツォイクから）として知られるJu87は、選ばれて第二次世界大戦で最初の作戦を遂行した。戦争行為の公式の勃発の20分前、Ju87のケッテ（3機の小編隊を意味する）が東プロイセンの前進基地を飛び立った。ポーランドのディルシャウ（トチェフ）にかかる橋は、ドイツとポーランド両軍にとってきわめて重要だった。しかし、橋自体は目標ではなかった。目的は、橋近くの防塞に置かれた爆破点火点を叩くことだった。シュトゥーカは任務を完遂したが、狙いどおりにはいかなかった。ポーランド軍はドイツ軍が到着する前に橋を爆破することに成功した。

Ju87D型が実戦配備されたころには、シュトゥーカは完全に時代遅れになっていた。低速で、それほど運動性能も高くないシュトゥーカは、戦闘機の攻撃にきわめて弱く、ドイツ空軍が現地の制空権を手に入れたときしか戦果をおさめられなかった。

メッサーシュミット Me210

Me210は、メッサーシュミットの最初の双発戦闘機であるBf110の後継機として設計された。二義的に戦闘爆撃機／急降下爆撃機としても使える重戦闘機として意図されていた。制式採用されるとMe210の部隊は、事故による機体の高価な消耗に長期間悩まされた。1941年6月、Me210の製造がハンガリーとのあいだで取り決められた。もともとの計画では、557機のMe210と817機のMe410が製造されることになっていたが、結局、176機しか製造されなかった。ハンガリー王国空軍は第二次世界大戦でMe210を実戦使用したドイツ以外で唯一の国だった。Me210は短い運用期間のあと、改良型のMe410に取って代わられた。

イギリス

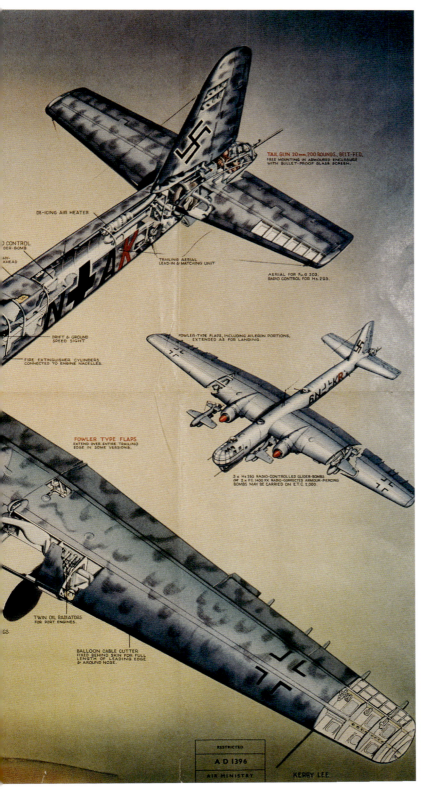

ハインケル He177

　空力学的には、He177戦略爆撃機の設計は、ほとんどのパイロットから操縦性と性能の面で好意的な評価を得る手堅いものだった。長い主翼とほっそりとした胴体のおかげで、He177は、3417マイル（5500キロ）もの航続距離を誇っていた。しかし、その双発機のような外観に大きな欠陥が隠れていた。He177は実際には四発爆撃機で、各エンジン・ナセル内の2基組み合わされたエンジンが1基のプロペラを駆動していた。このエンジン配置は完全な失敗だった。エンジンは過熱して頻繁に火を噴き、搭乗員から「燃える棺桶」というあだ名をたてまつられた。He177を実戦配備せよという圧力のせいで、エンジンの問題は結局、完全に解決されず、He177の初期生産型は実際、飛ばすのが危険だった。He177を使用したもっとも重要な部隊は、フランス沿岸を基地として海上攻撃と偵察任務を実施したKG40とKG100だった。フランスを基地とする艦船攻撃作戦は1944年夏に終わりを迎えた。He177の製造数は1000機をわずかに超える程度だった。

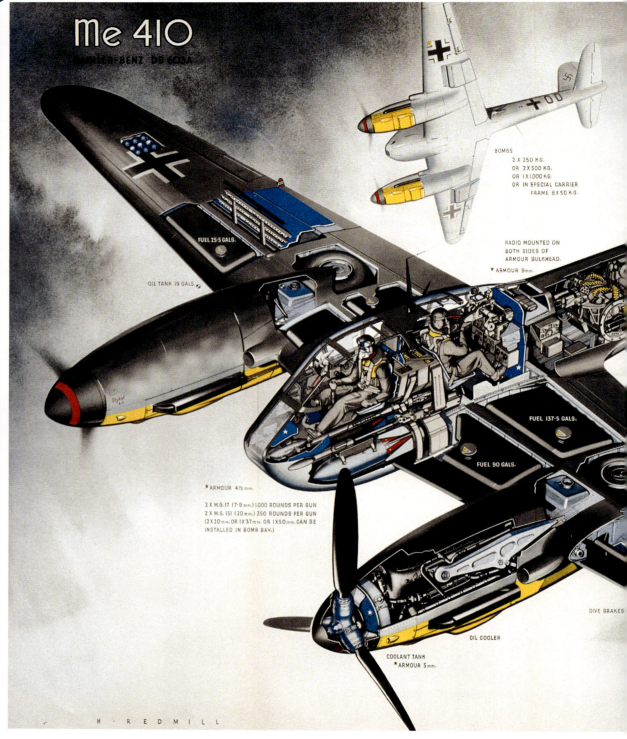

メッサーシュミット Me410

Me410は、失敗作であるMe210の直系の後継機だった。この「新しい」設計は、実際にはMe210の延長にすぎなかった。わずかな物理的変更——より大きなDB603エンジンを搭載するためのエンジン・カウリングの8インチ（20センチ）延長と、後部胴体の14インチ（36センチ）延長、そして主翼スラット——によって、Me410は同様の性能と、よりすぐれた飛行特性を手に入れた。Me410は1943年春に実戦配備がはじまった。もともとBf110に取って代わることになっていたMe210/410は結局、その期待に応えることなく、ごく短期間しか使われなかった。製造が終わるまでに702機のMe410がドイツ空軍に引き渡されたにすぎない。

ユンカース Ju88

Ju88は中程度の航続力を持つ戦術爆撃機として設計された。通常の燃料搭載量は、エンジン内側と外側の主翼桁のあいだに置かれたタンク内の1677リットルにすぎなかった。航続距離をのばすために、Ju88の多くの型式は、爆弾倉に大きな燃料タンクを増設していた。この航空図版の右下には、「公務専用」の囲みの下に、A.I.2（G）の名称が見える。A.I.は航空情報の略である。数字の2は情報課を表わす。同課は4つの異なる分野を取り扱っていた。（A）航空産業と製造、（B）飛行場、（C）経済戦省と航空機生産省との連絡、そして（G）航空機および航空装備である。

ヘンシェル Hs129B

Hs129はそれほど多く製造されなかった。北アフリカと東部戦線で短期間、使われた。30ミリ機関砲を装備したHs129は、ひじょうに効果的な対戦車攻撃機であることが証明された。1943年夏、北アフリカで鹵獲された機体がイギリスに運ばれ、そこでピーター・カースルは未組み立ての機体の各部をスケッチする機会を得た。

イギリス

ユンカース Ju188

Ju188はおそらく戦時中にドイツが製造した最良の中型爆撃機だった。それはまたドイツが負けつつあるという兆候でもあった。1943年5月にJu188が実戦配備されるころには、航空機の生産は急激に戦闘機の生産へとシフトしていた。さらに多くの戦闘機が必要ということは、ドイツが防御を強化し、爆撃機のような攻撃兵器には投資しないという意味だからだ。

Ju188は有名なJu88から大きく改良されていた。操縦性が向上し、高空での性能も向上して、より強力なBMW801エンジンを最大限使いこなせた。戦時中、1万5000機のJu88が製造されたのにたいして、Ju188はわずか1076機が生産ラインを離れたにすぎない。終戦時、フランス軍はJu188のすばらしい性能を高く評価した。新生フランス空軍は少なくとも30機のJu188を短期間だがふたたび就役させた。ピーター・カースル画のJu188の迷彩パターンは、ダークグリーン地にブルーグレーの蛇行模様の標準的な海上迷彩のようだ。

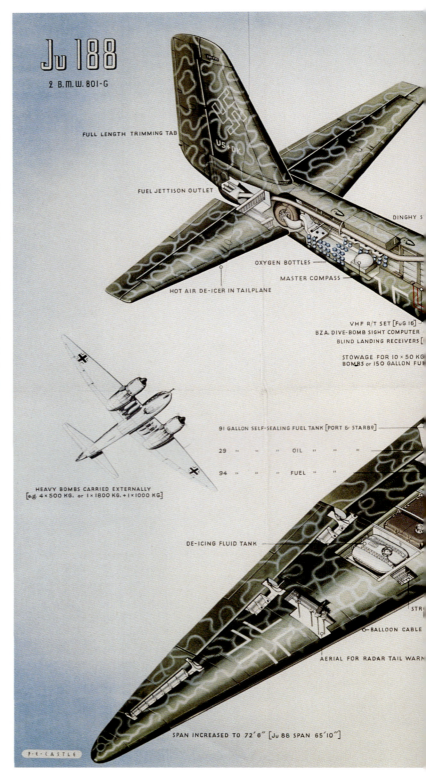

飛行爆弾

はじめて実戦で使われた巡航ミサイルがフェアゲルトゥングスヴァッフェ1（復讐兵器1号、略してV1号）、別名フィーゼラーFi103である。イギリスでは「ドゥードルバグ」とあだ名されたV1号は、1944年6月以降、ロンドンなどの標的にたいして多数発射された。

V1号は通常の飛行機の許容値に合わせて製造されていなかった。そのため性能に大きなばらつきがあった。大多数のV1号は時速350マイル（563キロ）程度で飛行したが、なかには420マイル（676キロ）で追跡されるものもあったし、いちばん遅いのは320マイル（515キロ）程度で飛んできた。フランスのパドカレーからロンドンまでの飛翔時間は平均して20分から25分のあいだだった。

1万発ちょっとのV1号がイギリスに向けて発射された。英国の海岸線を横切った7488発のうち、3957発が目標の手前で撃墜された（V1号全体の10パーセント以上が離陸後すぐに墜落した）。防御をくぐり抜けた3531発のうち、2419発がロンドンに到達し、30発がサウサンプトンとポーツマスに命中した。この史上初の巡航ミサイル攻撃で6184名が殺された。

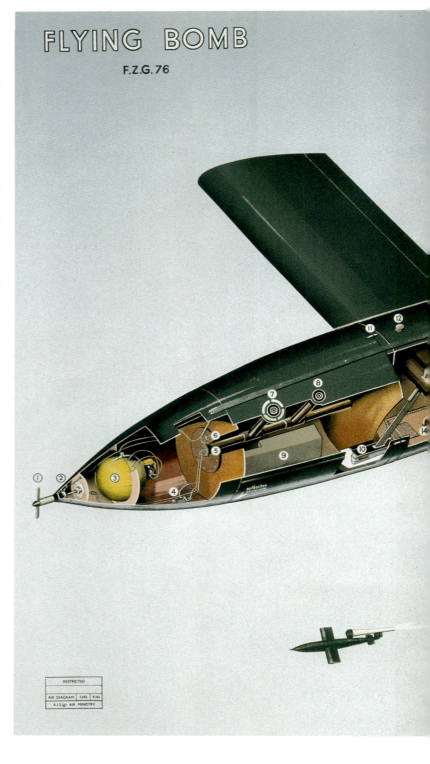

070 ｜ 第4章　各国図版コレクション

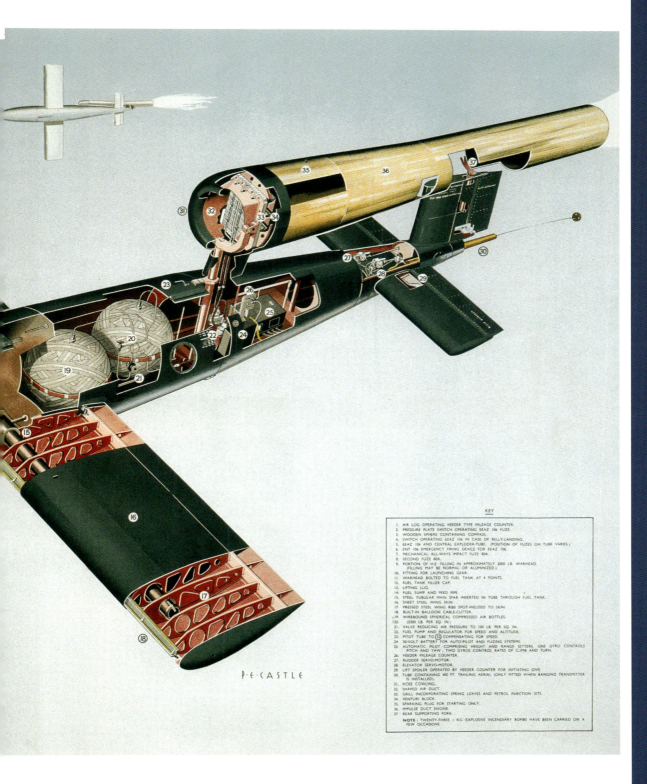

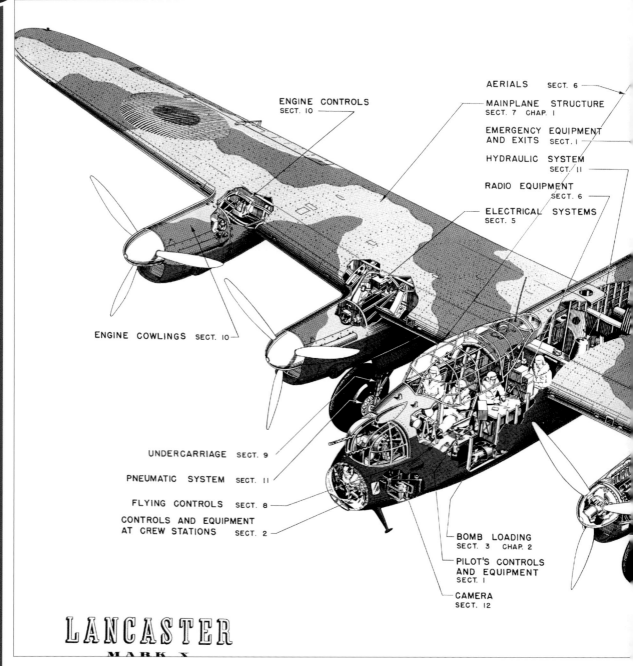

ランカスター MkX

この細部まで細かく描きこまれた部分断面図は、ランカスターMkXの整備および説明必携に掲載されている。

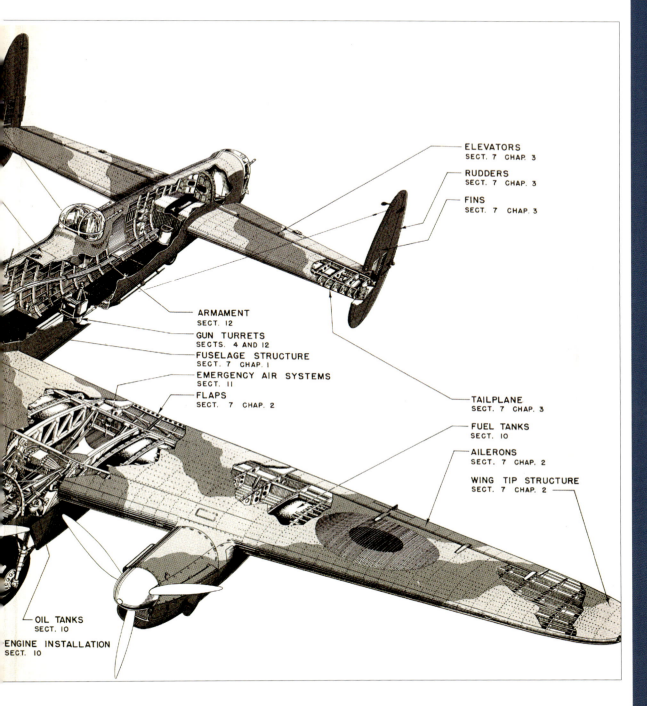

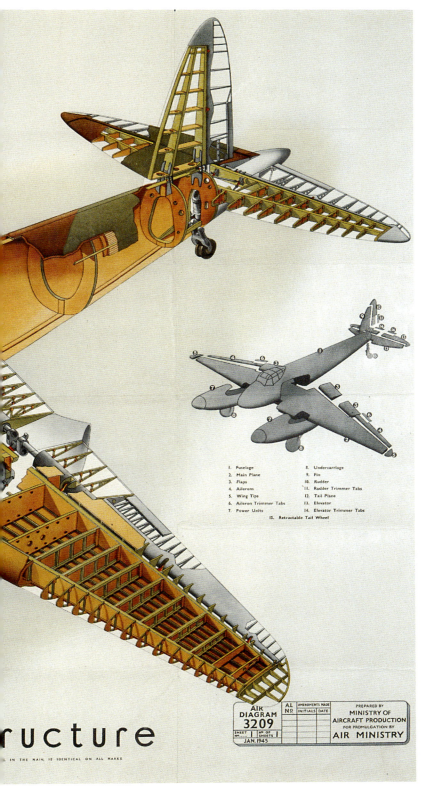

モスキートの主要構造

デハヴィランド・モスキートは英国空軍に採用された最初の近代的な全木製航空機で、第二次世界大戦で屈指の成功をおさめた飛行機だった。木という非戦略物資を利用することで、モスキートは、合板・バルサ・合板の「エッグシェル」構造を使って、すばやく安価に製造された。モスキートは世界中で採用された同種の作戦機のなかで最速だった。木材を使っているおかげで、交換部品の入手や、使用可能な状態に修理することも、平均的な技能の大工を雇っている会社に下請けに出すだけで、容易に可能になった。7781機製造されたモスキートの最後の1機は1950年11月15日に完成している。

モスキート F MkII

このじつにすばらしい断面図では、モスキートF MkII戦闘機の4連装20ミリ機関砲の武装が目を引く。とくにモスキートの戦闘機型はすべて、爆撃機タイプの操縦輪ではなく、戦闘機タイプの操縦桿を装備していた。最初の戦闘機型モスキートの最高速度は時速370マイル（時速596キロ）というすばらしいものだった（訳注：MkIIの前のFは戦闘機型を意味する。Bは爆撃機型、FBは戦闘爆撃機型）。

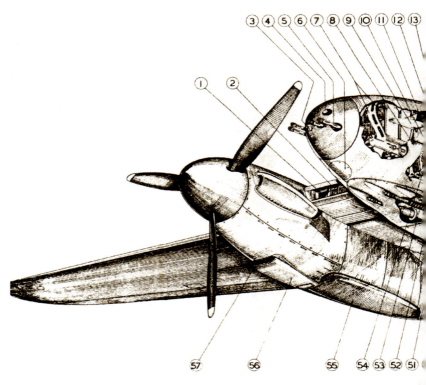

1 OIL COOLER
2 COOLANT RADIATOR
3 NAVIGATION HEADLAMP
4 CAMERA GUN SPOUT
5 ·303 GUNS (FOUR)
6 COVER TO USED CARTRIDGE-CASE CHAMBER
7 AMMUNITION BOXES & FEED CHUTES FOR ·303 GUNS
8 HINGE FOR GUN LOADING DOOR
9 INSPECTION DOOR FOR INSTRUMENT PANEL
10 FOLDING LADDER
11 VENTILATOR CONTROL
12 COMPASS
13 CONTROL COLUMN
14 BRAKE LEVER
15 FIRING SWITCHES
16 SLIDING WINDOW
17 OXYGEN REGULA
18 EMERGENCY EXI
19 ENGINE & PROPE
20 COCKPIT LAMP
21 PILOT'S SEAT A
22 OBSERVER'S SEA
23 CONSTANT SPEE
24 FLAME-TRAP EXH
25 OUTBOARD FUEL
26 LANDING LAMP
27 NAVIGATION LAN
28 FORMATION KEE
29 PITOT HEAD (PR
30 AERIAL FOR T.R.
31 TAIL NAVIGATION

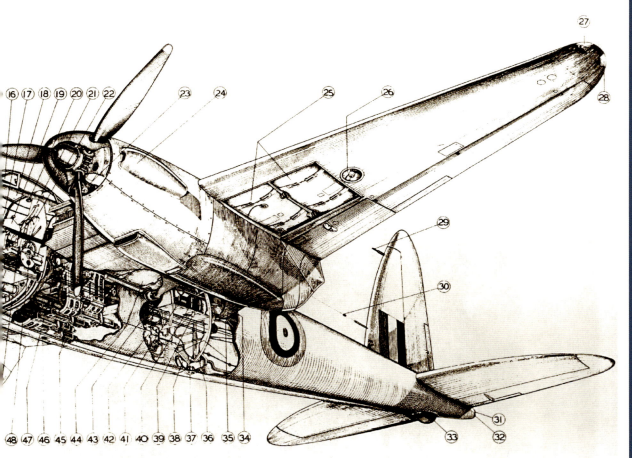

32 FORMATION KEEPING LAMP
33 TAIL-WHEEL (RETRACTED)
34 BLIND APPROACH UNIT
35 T.R.1133 WIRELESS (DUPLICATED)
36 CRASH SWITCH (R.3078)
37 DOWNWARD IDENTIFICATION LAMP
38 ENTRANCE DOOR TO REAR FUSELAGE
39 LONG RANGE FUEL-TANK BEARER
40 OXYGEN BOTTLES
41 ACCUMULATORS
42 HYDRAULIC - PNEUMATIC PANEL
43 COMPRESSED AIR CYLINDERS
44 INBOARD FUEL TANKS
45 AMMUNITION BOXES & FEED CHUTES FOR 20MM. GUNS
46 LINK AND CARTRIDGE CASE CHUTES
47 DE-ICING TANK
48 ELEVATOR TRIM HAND-WHEEL
49 PILOT'S SEAT ADJUSTING-LEVER
50 SANITARY CONTAINER
51 FIRST-AID BOX
52 20 MM. GUNS (FOUR)
53 ENTRANCE DOOR
54 RUDDER PEDALS
55 UNDERCARRIAGE WHEEL DOORS
56 AIR INTAKE
57 ICE GUARD

QUITO F.Mk II

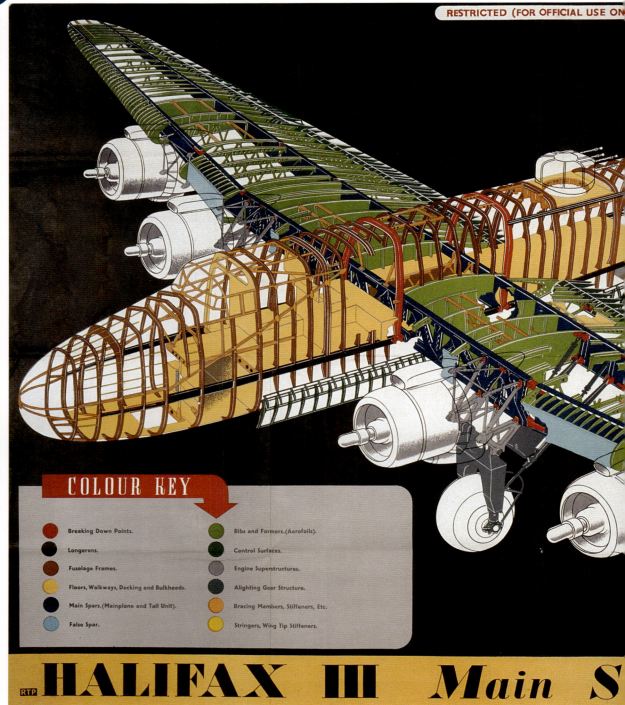

ハリファックス III の主要構造

ハリファックス爆撃機は堅牢で多用途の飛行機だった。構造はじつに伝統的だったが、約15の主要部分で製造されるよう考えられていた。そのため、製造拠点を高度に分散させること——敵の攻撃にたいする安全策——が可能になったが、輸送用の継ぎ手の数のせいで、結果的にやや重い機体となった。

イギリス

Vol. III.—No. 4

AIRCRAFT

THE INTER-SERVICES J

『航空機識別軍間ジャーナル』

『航空機識別』は、航空機生産省が発行していた月報で、航空機の写真やシルエット図がふんだんに使われていた。毎月、数多くの識別クイズが掲載され、最後に解答が載っていた。この断面図は、連合軍では「フランシス」というコード名がつけられた日本の横須賀空技廠P1Y1銀河双発爆撃機をしめす。

イギリス

**最初に見る者がいちばん
長生きをする。**

「おそらく戦闘機パイロットにとってもっとも重要なのは、ものを見られることである——見るだけでなく、それを解釈することだ。遠すぎて識別できない戦闘機を見つけたときは、その行動のしかたで味方かそうでないかがかなりよくわからねばならない——爆撃機の編隊のまわりを旋回するやりかたや、味方とわかっているほかの戦闘機に近づいたときのふるまいかたで。これはほとんど経験で身につくものだが、練習できるのは、自分が見ているものをじっと見つめて、見分けることしかない」
D・W・ビーソン大尉
第334戦闘飛行隊

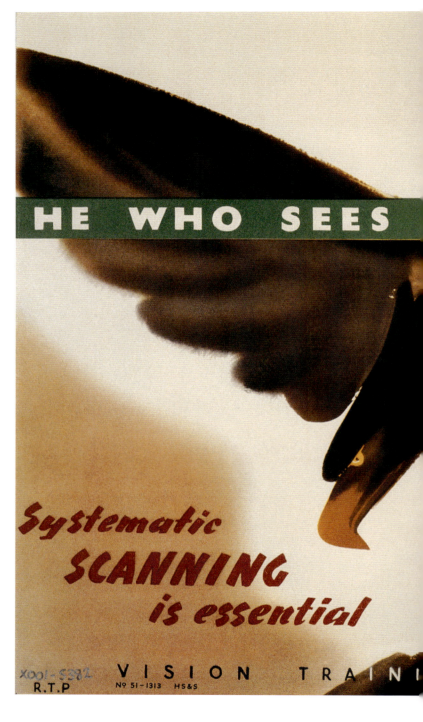

(RESTRICTED) FOR OFFICIAL USE ONLY

IRST LIVES LONGEST

G FOR AIRCREWS   A.D.2824 SHEET 4

イギリス

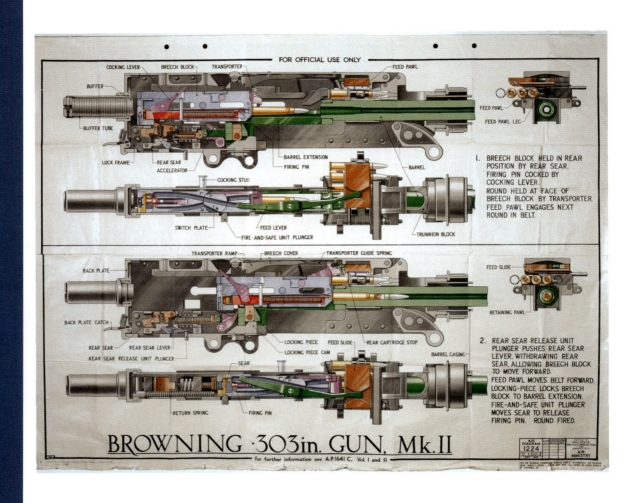

ブローニング303口径機関銃

ブローニング303口径MkIIは、英国空軍が使用した銃塔のほとんどに装備された銃である。1930年代中期に空軍参謀本部に採用されたコルト＝ブローニング機関銃は、あらゆるイギリス軍機の主武装となった。ブローニングはベルト給弾の反動利用式機関銃で、発射速度は毎分1100発から1200発である。この色彩豊かな図は、ブローニング303口径MkII機関銃の内部構造をしめしている。

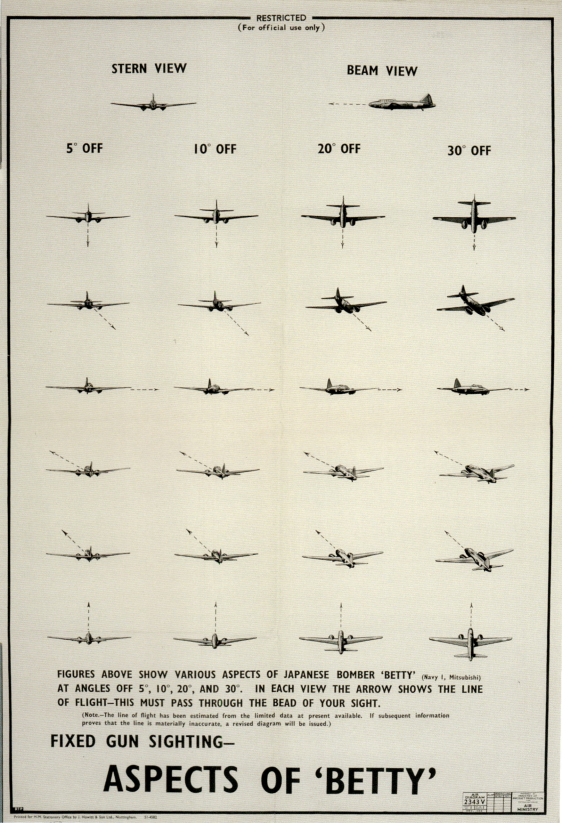

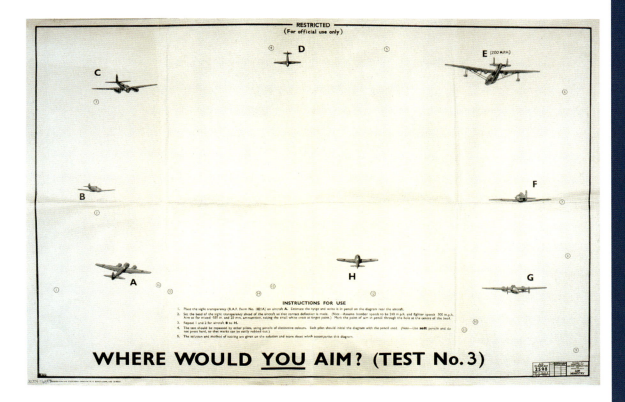

「どこを狙うか?」

「わたしはできれば見越し射撃を避けるようにしている。平均的なパイロットは、見越し角が大きいと苦労する。もちろん運よく命中してドイツ野郎を撃破することもよくあるが、後方からのみごとな射撃ほど効果的なものはない」
ジェシー・W・ゴナム中尉、第352戦闘飛行隊

「もしわれわれが、わたしは航空軍全体のことをいっているんだが、完璧に撃てさえしたら、なんの努力もせずに戦果を倍にしているだろう」
ウォーカー・M・マヒューリン少佐、第56戦闘航空群

■前頁■ 「ベティの各面」

第二次世界大戦の戦闘機は機関銃の発射台だった。その攻撃距離は、最大で1000ヤード(914メートル)に限定されていたが、現実にはその数字はひじょうに楽観的だった。空中戦で行なうのがいちばんむずかしい射撃のひとつは、見越し射撃だった。見越し角が大きな標的を撃つためには、攻撃側は狙った獲物の前方の空間上のどこか一点を狙う必要があった。もし狙いが正しければ、銃弾と狙った獲物は同時に出会うことになる。いかなる状況でも、これはきわめて行なうのがむずかしい射撃で、大多数の戦闘機パイロットはその技術を習得できなかった。この図はパイロットが特定の機種(この場合は連合軍から「ベティ」のコード名をつけられた日本の一式陸上攻撃機)の見越し角をすばやく見分けるのを助けるために考案された。

ルイス機関銃

1930年代中期の最初の航空機用銃塔は、303インチ口径のルイス機関銃を装備していた。才能ある兵器技術者のアイザック・ルイス大佐が設計したルイス機関銃は、ドラム型弾倉で給弾されるガス圧作動式の自動火器だった。空冷式で軽く、宙返りしても作動する自給式の給弾方式を持つおかげで、理想的な航空機用機関銃となった。

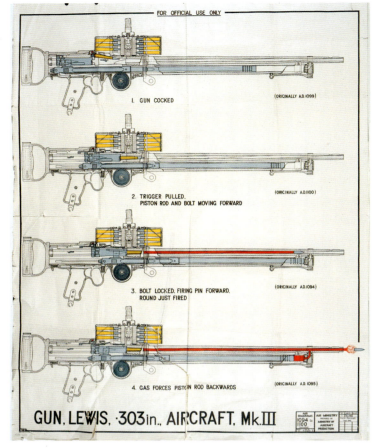

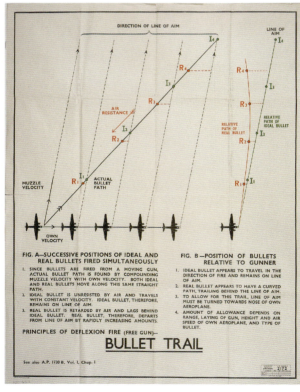

銃弾の軌跡

高速移動する航空機にべつの高速移動する航空機から命中させるのは、きわめて困難な仕事だ。銃手は自分の前進速度と見越し角──銃弾が銃身を離れたあとで標的が進む距離──を考慮しなければならない。銃手はまた、銃弾の落下量を考慮して距離を見積もる必要がある。1944年、新型の照準器が採用されて、銃手の狙いを大幅に向上させた。新型のMkIIジャイロ式照準器は、距離と銃弾の落下、そしてもっとも重要なのは見越し角を考慮した照準点をパイロットおよび銃手にしめした。

26   Part One : Armament

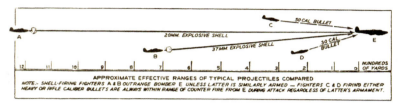

fully risen, resulting in only a partial engagement of the bents, then as the rear sear is carried forward in this low position, a projection towards the rear strikes an inclined ramp forcing the bents into full engagement.

ADJUSTMENTS

Breeching up of the Barrel

1. "Breeching up" is the term applied to the correct positioning of the breech end of the barrel in relation to the front of the breech block when the breech locking piece is fully engaged in the locking recess.

2. As the efficiency of the gun depends to a great extent on the accuracy with which this adjustment is carried out, it is essential that great care is exercised.

3. When breeching up, ensure that no dummy cartridge or empty case is in the chamber.

4. Assuming that the gun is completely assembled, the following sequence of operations is to be complied with :-

   (a) Raise the locking spring and support it on the side of the barrel extension to prevent it engaging with the notches when screwing up the barrel.

   (b) Start the barrel threads into the barrel extension and stop before the barrel is right home.

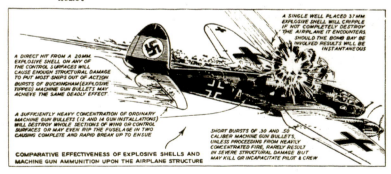

武装：『軍搭乗員マニュアル』

『カナダ軍搭乗員マニュアル』の武装の部に掲載されたこの2点の図版は、機関砲弾と機関銃の有効性を比較している。

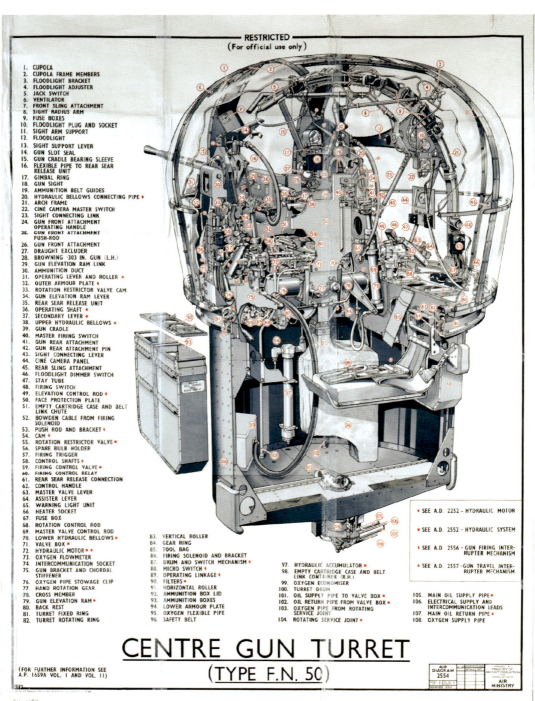

胴体中央部銃塔

FN50上面銃塔は有名なランカスター爆撃機とショート・スターリング爆撃機の両方に装備された。銃塔は広くて快適で、視野がすばらしく広いといわれた。操作装置はよく調整され、多くのドイツ空軍戦闘機が、待ち受けるランカスターとスターリングの胴体中央部上面機銃手に撃墜された。

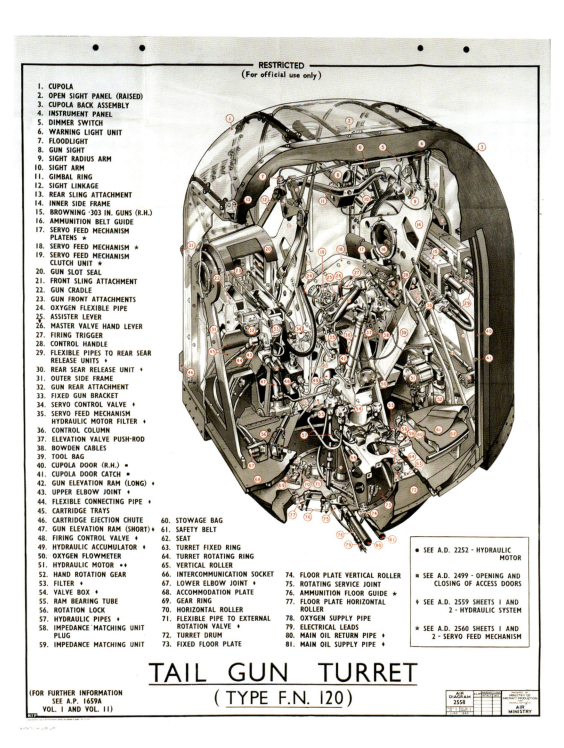

機体尾部銃塔

1944年後半に採用されたFN120は、FN20銃塔の小改造型で、新たな部品を組みこんで、40ポンド（18キロ）ほど軽くなっていた。FN20とFN120はアヴロ・ランカスターの標準的な尾部防御手段だった。

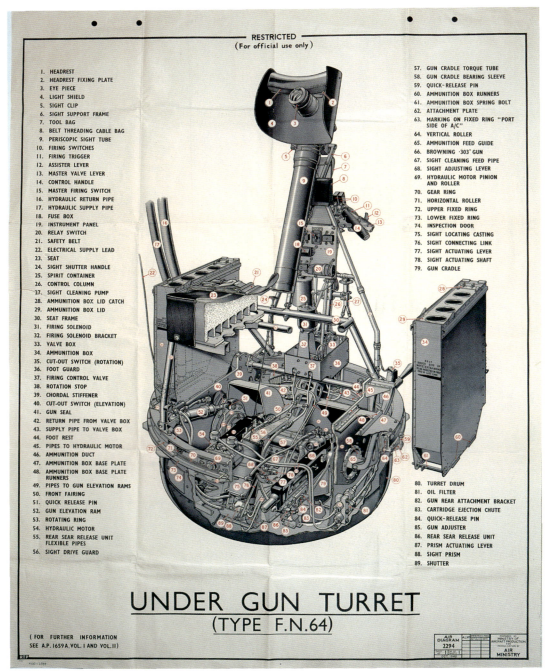

下面銃塔

ナッシュ&トンプソン・タイプFN64は、英国空軍爆撃軍団ではあまり広く使われなかった。もともとランカスターの初期生産型に装備されたが、すぐに廃止された。潜望鏡式照準器で照準を合わせるという昔からの問題は、解決があまりにも困難だとわかり、銃塔はキャンセルされた。1944年6月に昼間作戦が再開されると、銃塔は再導入された。第5集団の4個ポーランド人ランカスター飛行中隊だけが、H2Sレーダー・スキャナーのかわりにFN64銃塔を装備した。銃塔は180度の旋回が可能で、ほとんど空気抵抗がなかった。機銃手は後方を向いた座席に腰掛け、潜望鏡式照準器を使って、連装ブローニングの照準を合わせた。

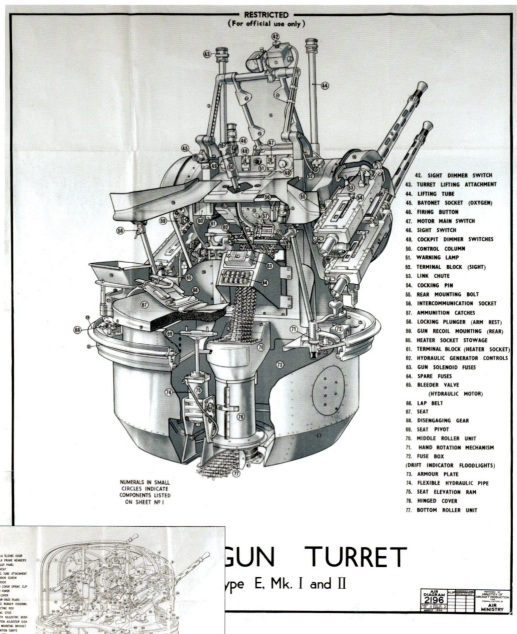

尾部銃塔

ボールトン・ポール・タイプE尾部銃塔は、かつて製造されたなかで屈指の成功をおさめた銃塔だった。8000基以上のタイプE銃塔が製造され、ハリファックスとB-24リベレーターの英軍型の両方に装備された。

デファイアントI機体中央部銃塔 ■左■

デファイアント戦闘機に搭載されたボールトン・ポールMkIID銃塔は、効率のよい設計であることが実証された。背が低いため、空気抵抗は最小限だった。機関銃にはそれぞれ600発の弾薬が供給された。

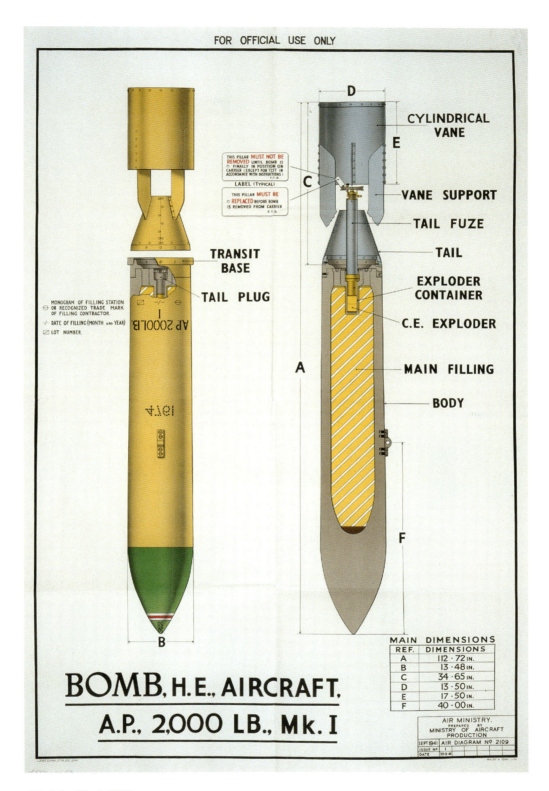

2000ポンド爆弾

この空軍略図は2000ポンド(907キロ)高性能徹甲爆弾を詳細にしめしている。このタイプの爆弾の場合、重量の大半は、分厚い弾殻が占めている。徹甲爆弾は装甲をほどこした海軍艦艇を叩くために設計され、そのため弾頭は中空ではない鋼鉄製で、重量にたいする炸薬の比率も低かった。

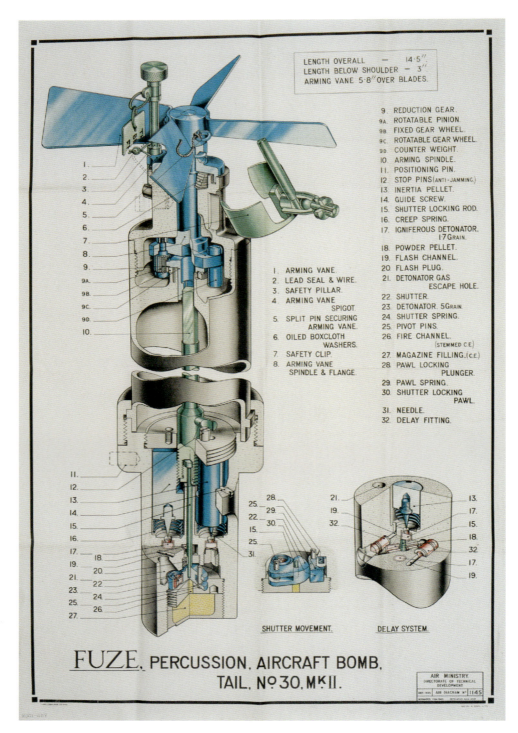

爆弾の信管

標準的な爆弾の信管は、ふたつのことをきわめてじょうずにやる必要があった。ひとつめは爆弾が飛行中に爆発しないようにすることで、ふたつめは爆弾が目標に命中したとき爆発させることだった。爆撃機に搭載された爆弾には、あやまって爆発しないように3つの安全装置がついていた。（1）ひとつめは、爆撃航程がはじまる直前に、各爆弾の信管装置から手で取り外さねばならないコッター・ピンである。（2）爆弾が投下されると、安全線が信管装置から引き抜かれる。（3）安全線がはずれると、爆弾が落下するさいの風の働きによって、羽根車、別名、安全ペラが回転してはずれる。この時点で、爆弾は安全解除され、爆発の準備がととのうのである。

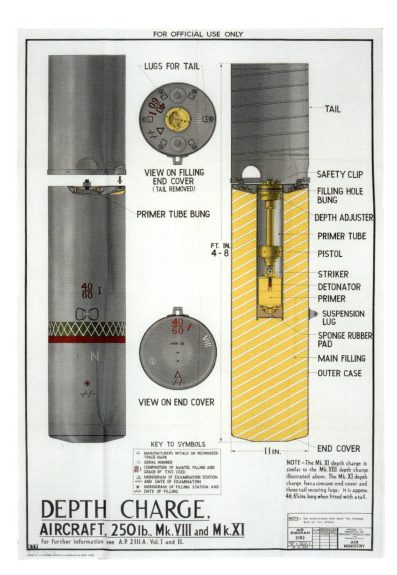

爆雷

戦間期には、航空機の設計と構造が驚くべき割合で進歩したが、対潜兵器は依然として第一次世界大戦当時のままだった。沿岸軍団が最初に使った爆雷は、450ポンド（204キロ）のMkVIIだった。これはあまりにもかさばるため、大型の飛行艇をのぞく当時の沿岸軍団のどの飛行機にも搭載できなかった。もっと軽くてコンパクトな250ポンド（113キロ）MkVIIIが1941年春に導入されたが、そのアマトール炸薬は、1942年にそれに取って代わることになるトーペックス炸薬のMkXIの30から50パーセントの爆発力しかなかった。こうした爆雷には水深50フィート（50メートル）に調定された圧力感知式起爆装置がついていた──水面近くの潜水艦を撃破するには深すぎる。1942年、水深15フィート（4.6メートル）で起爆できる新型のスター・″ピストル″起爆装置が導入された。こうした欠点のせいで、初期の対潜作戦は第一次世界大戦の対潜作戦とひじょうによく似ていた。1941年までに、沿岸軍団は潜水艦を245回攻撃したが、たった3隻の撃沈しか報告されなかった。

イギリス

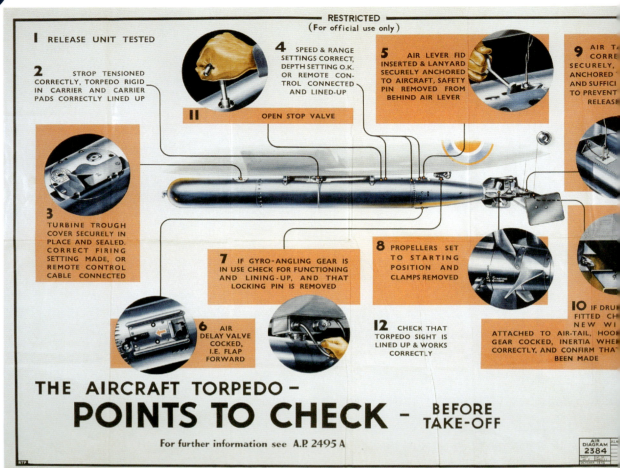
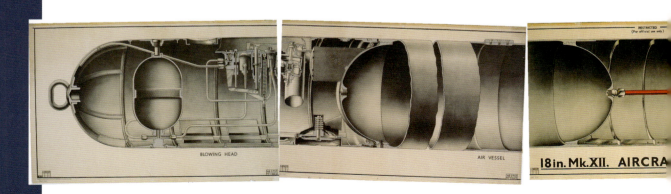

航空魚雷――点検箇所 ■前頁■

魚雷はきわめて高性能で感度の高い兵器だった。航空母艦の飛行甲板での荒っぽい扱いに耐えなければならないだけでなく、攻撃する雷撃機から吊り下げられているあいだ自然の猛威に耐える必要もあった。多くの部分が故障する可能性があり、多くが実際、そうなった。戦時中、イギリスは609本の航空魚雷を投下した。そのうち167本だけが確実に命中し、37本は命中したと推定され、推定および確実の命中率は33.5パーセントだった。

MkXII 航空魚雷 ■下■

この5枚1組の空軍略図は、実際は実物大で描かれたMkXII魚雷である。MkXIIは、戦争前半の英国空軍と海軍航空隊の標準航空魚雷だった。重量は1548ポンド(702キロ)で、実用頭部は388ポンド(176キロ)のTNTだった。もっと大きな頭部を取りつけることもできたが、それは陸上を基地とする航空機に限定された。

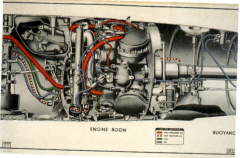
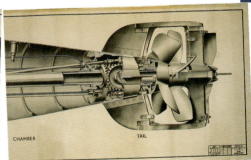

イタリア軍機——多発機■上■
ドイツ軍機——水上機■前頁■

敵を見分けて識別するパイロットの能力は多くの場合、勝利と敗北の差を意味した。高射砲の砲員もまた航空機の識別に長けている必要があった。その過程に役立てるために、こうした航空機識別帳やポスターが戦時中、何千何万と製作された。残念ながら、どちらの陣営でも多くの航空機が、敵と味方を識別できない勇み足の高射砲手やパイロットによって撃墜された。

X 国からの帰投

搭乗員の疲労は、高射砲や敵戦闘機とまったく同じぐらい命取りになる可能性があった。敵の支配地上空を8時間以上飛行したあとで、搭乗員が味方の空域に入ってほっとするのは自然なことだった。安堵と疲労が重なれば、災いをおよぼす可能性があった。搭乗員は、空襲が終わっても、出撃時と同様、気を抜かないようにたえず思いださせられた。

イギリス

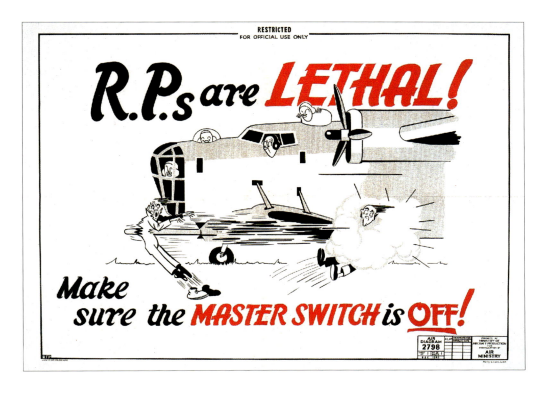

飛行安全ポスター

飛行の安全はまじめな問題だったが、メッセージを強調するために、ユーモアや漫画風の絵が戦時中ずっと使われた。

エンジンはきれいに! ■上■

一度でも多すぎる ■右■

空の安全は戦時中、つねに大きな懸案事項だった。英国空軍は飛行中および地上の事故だけで8195名の死者を出した。この2枚のポスターは、要点をしっかり頭に叩きこむためにユーモアを使っているが、飛行作戦が、戦闘から遠く離れていても、つねに危険な仕事だという厳然たる事実を思いださせるものだった。

後方銃手にたやすい標的を あたえるな

爆撃機の防御火力は限定的だったが、場合によっては、あらゆる要素がうまく働いて、後方銃手が致命的な打撃をお見舞いすることもありえた。マーリンのような液冷エンジンは防御火力にたいしてきわめて脆弱だった。グリコール・タンク（エンジンの前にある）あるいは潤滑油タンク（エンジンの下にある）に一発食らうだけで、エンジンがたちまち加熱して、火を噴くことになった。このスピットファイアは、自機の脆弱な下面をさらけだして描かれている。

雲は役に立つこともある

「もし手近に雲があったら利用するんだ。ただし雲のなかに入ったら針路を変えろ」ハリー・J・デイハフ中佐、第78戦闘航空群

「雲から出たら、つねに旋回して後ろを見ろ。銃身の真ん前に飛びだしたかもしれないからな」ヒューバート・ゼムケ大佐、第56戦闘航空群司令

猪突猛進は分別で抑えろ ■上■

ドイツ軍の爆撃機は軽武装で、小銃と同じ口径の手動操作の旋回機関銃を装備していた。戦闘機の護衛がつかずに大編隊で飛行する場合には、唯一の効果的な防御手段は密集編隊飛行だった。こうすればある程度おたがいを火網で掩護しあうことができた。単機で攻撃を仕掛ける勇み足の戦闘機パイロットは、2機以上の防御火網を浴びることになった。

太陽のなかのドイツ野郎に気をつけろ
■右■

「太陽はもっとも効果的な攻撃兵器で、ドイツ野郎は好んでそれを使っている。わたしは可能ならいつでも、つねにあらゆる旋回を太陽に向かって行なうようにしているし、ぜったいに太陽を背にして飛ばないようにしている」ジョン・C・マイアー中佐、第352戦闘航空群司令
「わたしは太陽のなかから攻撃する。編隊僚機を後方、やや片側にしたがえて、後方を見張らせながら、やや下に近づく。約600から800ヤードまでできるだけ速く接近するようつとめ、それからスロットルを絞ってゆっくりと接近する——こうすれば相手を追い越すのをふせげるとわかっているからだ」
ダン・ボーデンハマー・ジュニア少佐、第78戦闘航空群

イギリス

SUN

In a surprise attack the enemy may "come out of the sun" where it is difficult to see him. Remember to look for this especially when about to engage another aircraft that may prove to be a decoy.

AIR DIAGRAM 1297

FOR OFFICIAL USE ONLY

安全な爆撃高度

爆弾は投下されると飛行機と同じ速度で移動する。もし爆弾が落下するのと同じ線上を飛行機が飛びつづけて、爆弾が爆発したとき目標上のあまりにも低空にいたら、その結果は破滅的になる可能性がある。

戦争勃発からわずか2日後の1939年9月5日、沿岸軍団のアンソン機が浮上した潜水艦に2発の100ポンド爆弾を投下した。爆弾は低空で投下され、浅い角度で水面につっこんだ。そのせいで爆弾は2つの平たい石のようにふたたび宙に跳ね返った。衝撃で時限信管が作動をはじめていて、数秒後、両方の爆弾がアンソン機の下の空で爆発した。機体は激しく損傷し、不時着水を余儀なくされた。皮肉なことに、攻撃を受けた潜水艦はじつは英国海軍の潜水艦HMSシーホースだった。

Do not let enthusiasm or excitement affect your judgment. Remember the safety of your crew. When using instantaneous or short delay fuses, do not come below the safe height for the bombs you are using.

AIR DIAGRAM 1295
FOR OFFICIAL USE ONLY

緊急着陸施設

英国空軍爆撃軍団が兵力を増強し、何百機もの爆撃機をドイツ国内の目標に送りこめるようになると、戦闘で損傷を受けて戻ってくる数も増加した。そうした傷ついた飛行機を助けるためにはイギリスの東海岸に緊急用飛行場が必要であることがすぐに理解された。1942年から1944年のあいだに、3カ所の滑走路が建設された。通常の滑走路よりずっと広いこれらの緊急用滑走路は、照明で区切られる3つのレーンに分かれていた。滑走路は東から西へと走り、パイロットが滑走路に機首を向けやすくなっていた。もし飛行機が胴体着陸しても、まだふたつのレーンが空いている。ブルドーザーが待機して、どんな損傷した飛行機も飛行場の外へ押しだした。

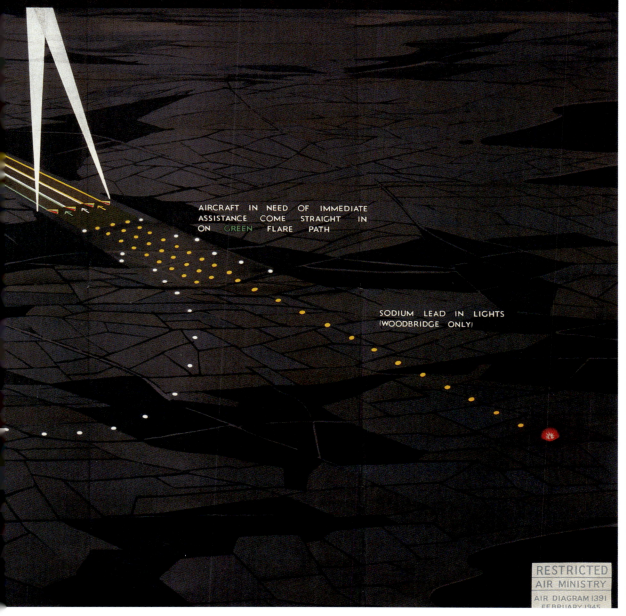

探照灯の支援

ドイツへの夜間空襲から帰投する損傷した飛行機は、困難な我が家への旅路に直面した。うろつく夜間戦闘機と高射砲はつねに危険だったが、電気系統の損傷は、帰路を見つけるのに無線航法援助とレーダーが使えないことを意味した。飛行機を家に導くのは、羅針儀と六分儀を持った航法士の双肩にかかっていた（パイロットが飛行機をじゅうぶんな時間まっすぐ水平に保つことができればだが）。イギリスに近づくと、彼らは、手を差しのべて家へと導いてくれる多数の探照灯のパターンに出迎えられることになった。

イギリス

REMEMBER YOUR UNDERCARRIAGE

CHECK YOUR UNDERCARRIAGE OPERATION BEFORE ATTEMPTING TO LAND, ESPECIALLY
  (i) AFTER AN ENGAGEMENT
  (ii) WHEN YOUR APPROACH HAS BEEN BAULKED.

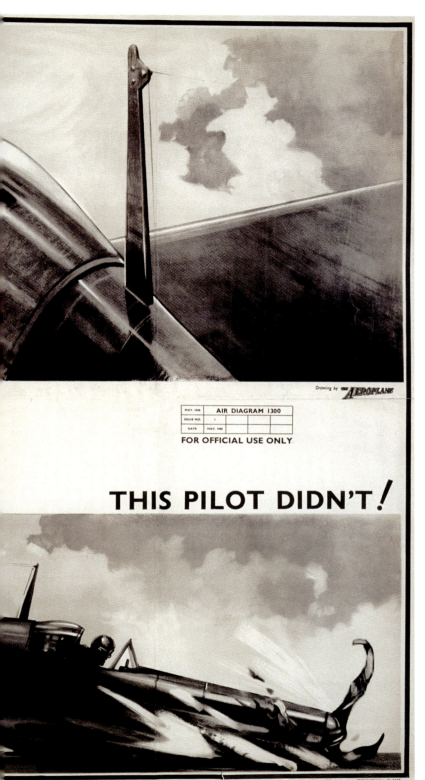

着陸装置を忘れるな

疲労と経験不足は航空機事故の主要な原因だった。高性能の戦闘機を飛ばすのには相当の技量が必要だった。空中戦で効果的に飛ばすのには、さらに高い技量が。

スピットファイアの初期型は機械式の着陸装置位置表示器を装備していた。これは主翼の上面を貫通してのびる棒で、それぞれの着陸装置一式に接続されていた。主車輪が下ろされると、赤く塗られた棒が主翼表面からつきだした。スピットファイアの後期型は、機械式（主翼上面）と電気式（計器盤）両方の着陸装置視覚表示器を持っていた。

第二次世界大戦開始時には、306機のスピットファイアが英国空軍に納入されていた。このうち187機は飛行隊に配備され、71機は整備部隊が保有し、11機は試験用の機体をつとめ、1機は『パイロット覚書』の執筆のために使われ、36機は飛行中の事故で除籍された。

知っているかな？

交戦直前と交戦中に敵の航空機や戦車、艦船を識別する能力は、きわめて重要だった。それは勝利と、生きてまた戦える日が二度と来ないことの差を意味する場合もありえた。大海原に浮かぶ艦船を識別するのはきわめてむずかしい仕事だった。偵察員は艦船の種類だけでなく、国籍と速力、進行方向を識別する必要があった。誤認は日常茶飯事だった。

ドイツの戦艦ビスマルクの追跡中、英空母アーク・ロイヤルは、雷装した14機のソードフィッシュ機を発進させた。1時間の飛行ののち、ソードフィッシュは大型艦を発見した。飛行機は編隊を解き、攻撃に移った。11本の魚雷が海中に投下されたあとで、彼らはまちがいに気づいた。ビスマルクだと思っていた船は、じつは英国海軍の巡洋艦シェフィールドだったのだ。幸い、損害は出なかった。

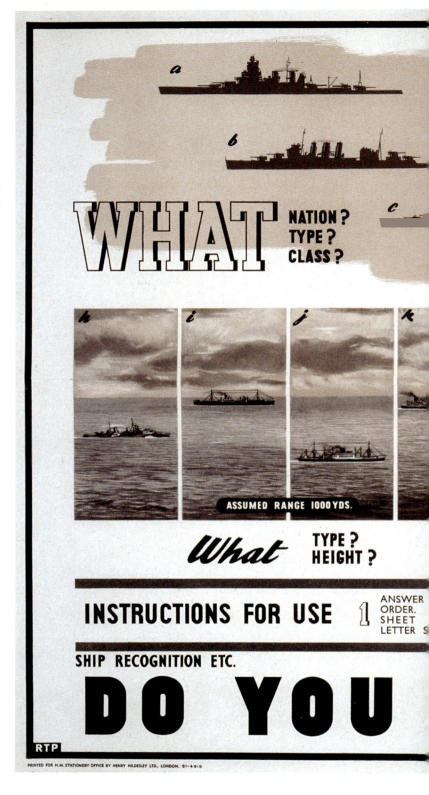

RESTRICTED
(FOR OFFICIAL USE ONLY)

d
e
f
g

What SPEED?

l *m*
n *o*

WHAT ANGLE ON THE BOW? NATION? TYPE?

...TIONS IN LETTER
...E ANSWERS ON
...APER AGAINST
...N.

2 CHECK RESULTS ON SOLUTION AND SCORE SHEET ACCOMPANYING THIS DIAGRAM AND MARK UP YOUR SCORE.

3 IF SCORE LESS THAN BOGEY MORE PRACTICE IS REQUIRED. WHEN RUN AS A COMPETITION HIGHEST SCORE WINS.

KNOW? QUIZ SHEET No. 1

AIR DIAGRAM 2690	A.L.Nº	AMENDMENTS MADE		PREPARED BY MINISTRY OF AIRCRAFT PRODUCTION FOR PROMULGATION BY AIR MINISTRY
		INITIALS	DATE	
SHEET Nº 1 Nº OF SHEETS 1				
MARCH 1944				

イギリス

Uボートの探しかたと探す場所

肉眼だけで大海原の海面に浮上したUボートを見つけるのはきわめて困難だった。視界が悪いとき、あるいは夜間、あるいはUボートが澄みきった水以外の水中に潜っていた場合、Uボートは攻撃を受けるおそれがほぼ完全になかった。対潜航空機が海上のUボートを「見る」効果的な手段を得るのは、効果的な機上レーダーが出現してからだった。

サンダーランドの繋留手順

「サンダーランドの繋留手順」は、戦時中の英国空軍で「もっとも寒くて、もっともびしょ濡れになって、もっとも汚れる仕事のひとつ」だった。12時間の哨戒任務のあとで、5万8000ポンド（26トン）のサンダーランド飛行艇を繋留するのは、とりわけつらい作業だった。

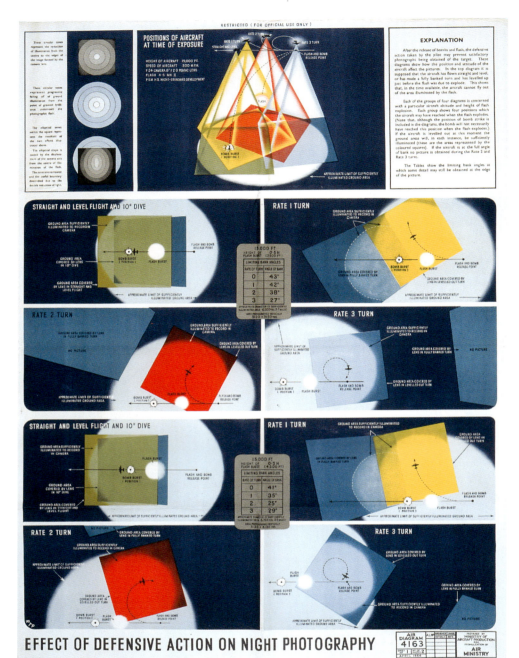

爆撃時の夜間写真撮影

第二次世界大戦中の英国空軍の爆撃機搭乗員は、困難な任務に直面した。爆弾と燃料を満載した飛行機に搭乗して8時間から9時間、敵地上空を飛行しなければならないだけでなく、重武装の夜間戦闘機を回避して、予想外の悪天候のなかを飛行し、やっと目標に到達したら、爆弾を投下するためにまっすぐ水平に飛ばねばならなかった。これが任務で屈指の危険な部分だった。レーダー誘導の対空砲火と探照灯はすばやく距離をつかんだが、爆弾を投下しても、終わりではなかった。全搭乗員は、「爆撃写真」を作製するようもとめられていた。この写真は爆撃時の高度と針路、そして搭乗員が目標に命中させたかどうかをしめすことになる。爆弾の投下装置が作動すると、カメラが連動する。爆弾が投下されるのと同時に、爆弾形の写真撮影用フラッシュも投下される。このフラッシュは爆弾と同じ速度で落下し、高度4000フィート（1219メートル）に達すると爆発する。露光したフィルムは、爆弾が着弾する数瞬前に地上の写真を記録する仕組みだった。

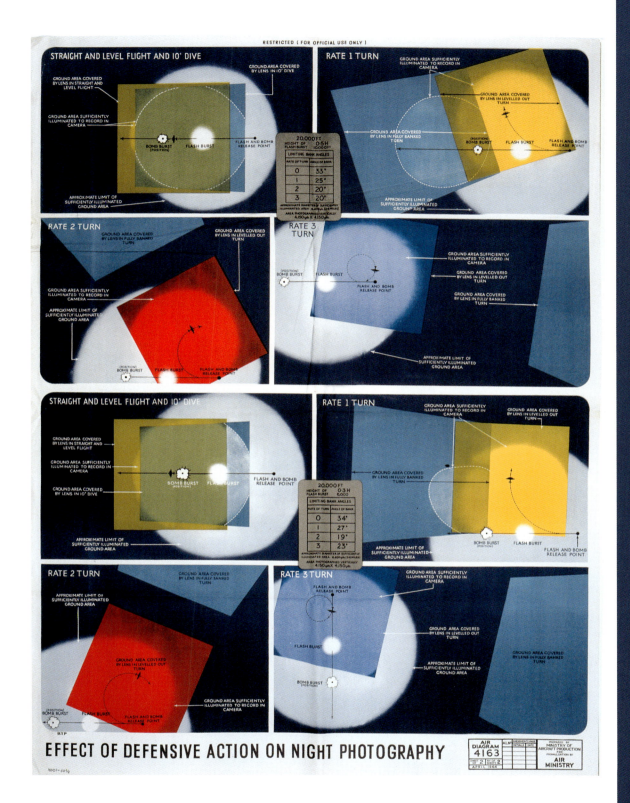

イギリス

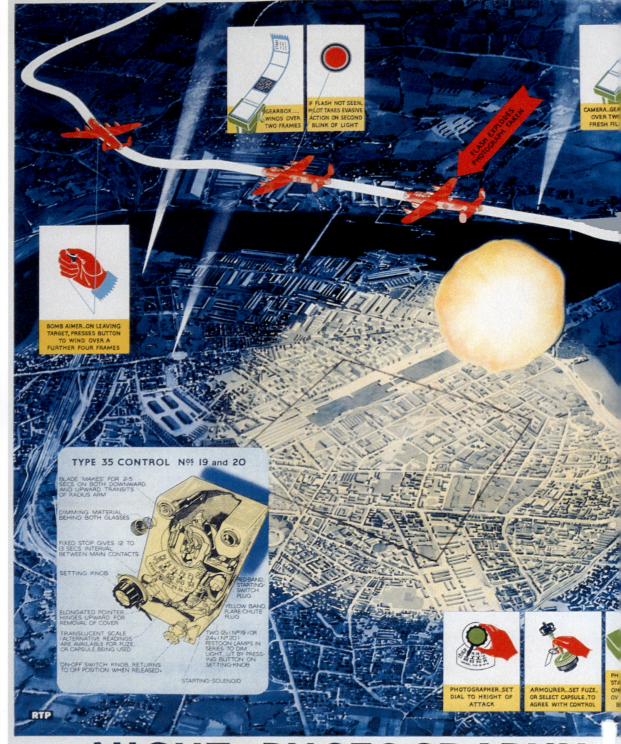

空海協同救助隊

第二次世界大戦中の空海協同救助（ASR）隊は、連合軍にとってひじょうに価値ある存在だった。

「大ブリテン島から実施されるほぼすべての作戦飛行は、海上飛行をふくんでいるため、大がかりで装備がじゅうぶんととのった空海協同救助組織がわが国の海岸線を取り巻いて築かれている。同隊はそれ自体、ひじょうに有能になってはいるが、結局のところ、その有効性は、利用できる施設と装備を最大限に活用する航空機搭乗員の能力にかかっている——実際には、自分たちが救助される可能性を最大限にする搭乗員の能力に」
『搭乗員訓練公報』第22号、1945年2月

戦時中、空海協同救助隊は、5712名の搭乗員を救助した。これはB-17重爆撃機572機、あるいはランカスター重爆撃機817機を運用するのにじゅうぶんな人数だった。

ランカスターの非常用装備

ランカスターIの非常用装備と非常口は、この空軍略図で明示され、色分けされているかもしれないが、損傷して北海に不時着水しようとしているランカスターの7名の搭乗員がどのような境遇にあるのかを考慮に入れる必要がある。もっとも重要な装備品は搭乗員のパラシュートと救命ゴムボートだ。イギリス軍の搭乗員はこうした装備がどこにあって、どの装備をいっしょに使うことになっているかを知っておかねばならないだけではない——彼らはそれを全部暗闇のなかでやらねばならなかったのだ。

　第二次世界大戦中、アメリカとイギリス、ドイツの航空機は、応急手当キットと非常用装備をじゅうぶんに搭載していた。一方で、日本軍は搭乗員の生存にほとんど関心をはらわなかった。

「戦争前半には、数々の〝サバイバル装備〟で飛行士の生存に手段をあたえることには、ほとんど関心がはらわれなかった……。平均的な日本海軍航空隊の飛行士は、パラシュートの縛帯の下にカポック入りの救命胴衣を着用した。戦争後半には、一部の飛行機に炭酸ガスのボンベがついた1名、3名、5名乗りの救命ゴムボートと、蛇腹ポンプ、釣り具、信号用ミラー、信号旗、櫂が搭載された」

『航空技術情報グループ報告書』第223号
主題:日本海軍航空隊より航空機搭乗員に支給されたサバイバル装備、1945年12月18日

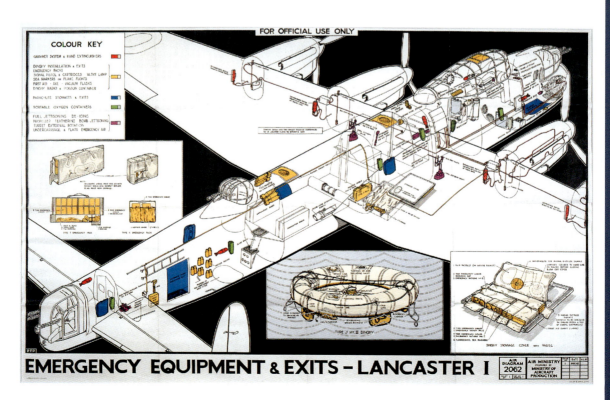

ハリファックスの非常用装備

有名なアヴロ・ランカスター重爆より用途が広かったハンドレページ・ハリファックスは、搭乗員の生存の可能性もより高かった。撃墜されたハリファックス搭乗員の29パーセントが生きのびたのにたいし、スターリングの搭乗員は17パーセント、ランカスターの搭乗員は11パーセントにすぎなかった。ランカスターにくらべてハリファックスは、より大きく広い胴体を持っていた。そのため、機内での移動がずっと楽で、パラシュートでの脱出や、不時着水した機体からの脱出も、よりむずかしくなかった。ハリファックスは最大時には合計1500機で英国空軍の35個飛行中隊に配備された。

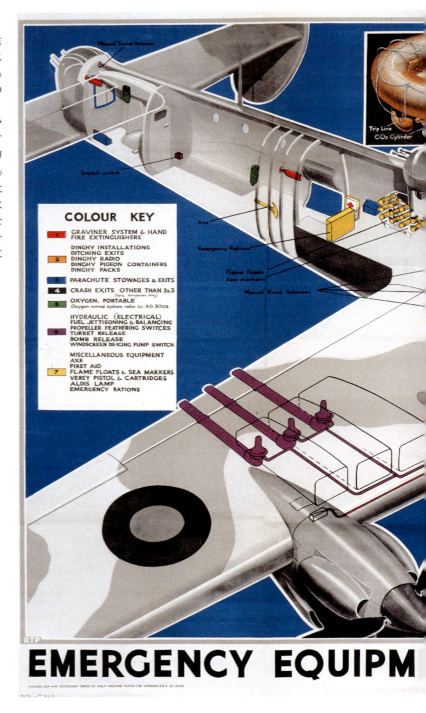

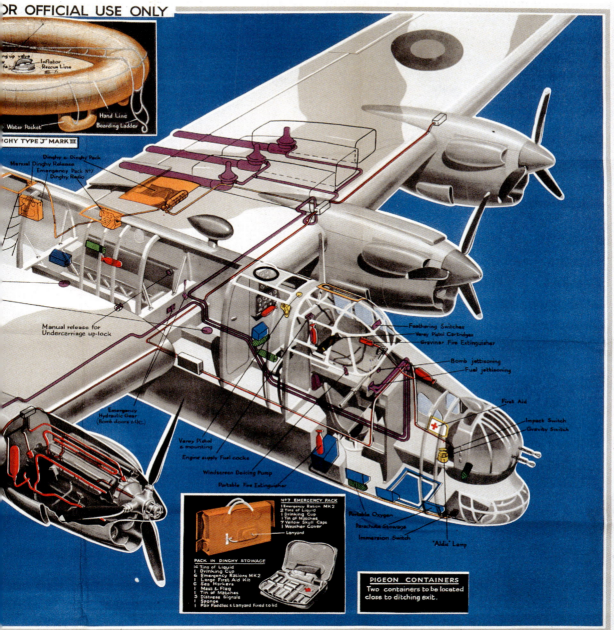

1秒1秒が重要だ

味方の領土上空で訓練任務中に発生するエンジン火災もじゅうぶん重大だが、敵戦闘機あるいは高射砲によるエンジン火災は命取りになる可能性があった。損傷はかならずしもエンジン1基にかぎらず、エンジン火災に直面したパイロットは、機体と搭乗員を救うためにすばやく行動する必要があった。このポスターで列挙された6つのステップは、単純に聞こえるが、多くの場合、損傷した爆撃機のパイロットは、ただのエンジン火災以上の問題に直面した。もし火災がそれほど激しくなく、消火装置が働けば、飛行機は残ったエンジンで帰投できた。

ドイツやイギリス、アメリカのほとんどの航空機のエンジンには、独自の消火装置がついていた。イギリスでは、これはメーカーの名前から、「グラヴィナー」と呼ばれていた。ステップ5に、グラヴィナーを選択せよ、とあるのはそれゆえだ。

モスキートのパラシュート手順　■次頁■

モスキートのほとんどの搭乗員にとって幸運なことに、彼らにはほとんど脱出する必要がなかった。爆撃軍団のほかの機種にくらべると、モスキートの損失率はきわめて低かった。高速と高高度性能のおかげで、モスキートは迎撃がきわめて困難だったからだ。1945年だけで、3988回の夜間出撃飛行がベルリンに実施されたが、損失はわずか14機だった——0.99パーセントの損失率である。

フェアリー・アルバコアの救命ゴムボート使用手順

第二次世界大戦中の空母作戦は、激しい航空機の消耗に悩まされた。長時間の任務で燃料切れとなった多くの航空機が不時着水を強いられた——いちばんいいのは母艦の近くで。旧式なフェアリー・ソードフィッシュの後継機として設計されたフェアリー・アルバコアは期待はずれに終わったが、自動式救命ゴムボート放出装置という贅沢な装備はまちがいなく持っていた。

ハドリアン・グライダーの不時着水

第二次世界大戦における連合軍初の大規模な空挺およびグライダー部隊の投入は、大失敗だった。1943年7月9日の夜、147機のワコ（ハドリアン）とホルサ・グライダーに分乗した英米空挺部隊が、シチリア島へ向けてチュニジアの基地を飛び立った。降着地域にたどりついたのは12機にすぎなかった。69機は切り離されるのが早くて、海上に降り、600名が溺死した。1機はマルタ島に、1機はサルディニア島に着陸し、残りはシチリア島南部に散らばった。戦時中、1万4000機のワコCG-4Aが製造された。同機は兵員13名か、軽車輛と火砲を運ぶことができた。

パラシュートで機を捨てる ハンプデンⅠ爆撃機

航空機が被弾してすぐに搭乗員が脱出するのはめずらしいことではなかった。何秒かで飛びださなければ、つぎのチャンスはないかもしれないことを知っていたからだ。しかし、被弾がすべて致命的とはかぎらなかった。損傷した航空機が、搭乗員の半数だけ乗せて帰投した例も多かった。

OR OFFICIAL USE ONLY

2 Captain gives order "Emergency Jump," destroys I.F.F. and slides back top hatch; Navigator fits pack and opens emergency hatch; Wireless Operator collects and fits pack; Air Gunner fits pack and jettisons door.

Operator moves to

4 Captain taken by slipstream over trailing edge of port wing; Wireless Operator leaves aircraft through door, head first, diving down to avoid chute, if fitted.

ACHUTE – HAMPDEN I
(EMERGENCY METHOD)

AIR DIAGRAM 1333
SHEET No 3 of 4 SHEETS

AIR MINISTRY
PREPARED BY
MINISTRY OF AIRCRAFT PRODUCTION

ISSUE No	DATE	A.L.No
1	FEB 41	
2	SEPT 41	

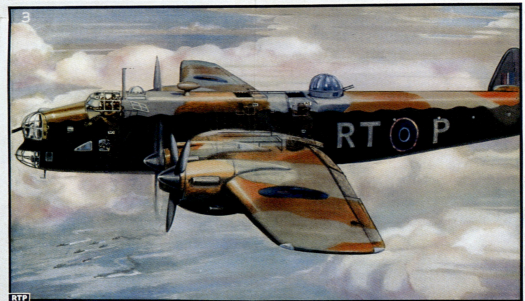

ABANDONING BY DINGHY – H

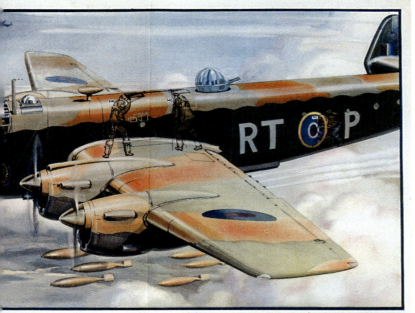

ハリファックスIIの不時着水と救命ゴムボートの使用手順

「救命ゴムボート、救命ゴムボート、不時着水(ディッチ)にそなえよ。最後に逃げるやつは、ろくでなしだ(サン・オブ・ア・ビッチ)」

　多くの爆撃機搭乗員は、地元のプールで救命ゴムボートの使用手順を訓練するのを、いらだたしい、あるいは愉快な時間の使いかただと思った。大きな四発爆撃機を北海あるいは英国海峡に夜間不時着水させるには、かなりの技量とたくさんの幸運を必要とした。イギリス周辺の海域で何機の軍用機が不時着水したのかは永遠にわからないだろう。

空中投下式救命艇

空海協同救助隊は1941年5月に創設された。はじめて空中投下式救命艇を運んだ機種のひとつが、この空軍略図に描かれているロッキード・ハドソンだった。それにつづいたのは、もっとエンジンが強力で、航続距離が長いヴィッカーズ・ウォーウィックである。撃墜された搭乗員を発見すると、通常の爆撃照準器と投下装置が救命艇の狙いをつけて投下するために使用された。イギリス周辺では、英米の搭乗員5721名が救助された。ほかの戦域では、3000名以上の命が救われている。

イギリス

T Mk I - *Bombing Up*

AIR DIAGRAM 3983 — AIR MINISTRY, PREPARED BY MINISTRY OF AIRCRAFT PRODUCTION — ISSUE N° 1 — DATE MAR.43

AIRBORNE LIFE BOAT Mk I

140 ｜ 第4章　各国図版コレクション

Method of Dropping

AIR DIAGRAM 3983
SHEET Nº 3   Nº OF SHEETS 4
AIR MINISTRY PREPARED BY MINISTRY OF AIRCRAFT PRODUCTION
ISSUE Nº 1   DATE MAR.43

空中投下式救命艇

著名なヨットマンのアファ・フォックスが空中投下式救命艇を設計した。この救命艇は食料や水などの生存に欠かせない必需品を搭載していて、撃墜された搭乗員に絶好の生存のチャンスを提供した。救命艇自体は、全長23フィート6インチ（7.17メートル）、幅5フィート6インチ（1.67メートル）だった。重量は1700ポンド（771キロ）で、直径32フィート（9.76メートル）のパラシュート6個で投下された。

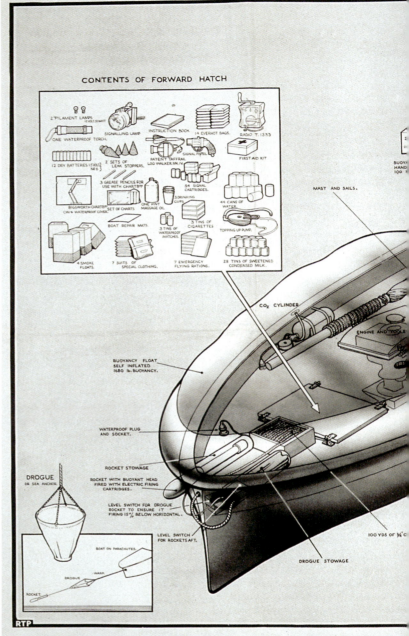

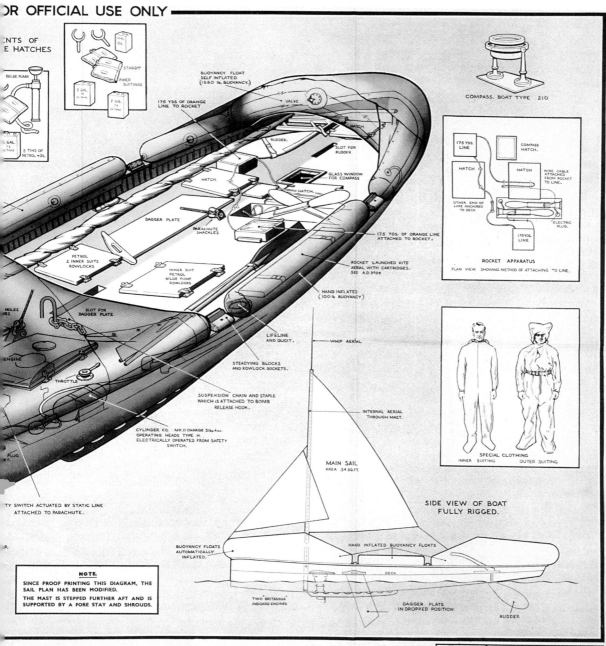

Mk I - Equipment

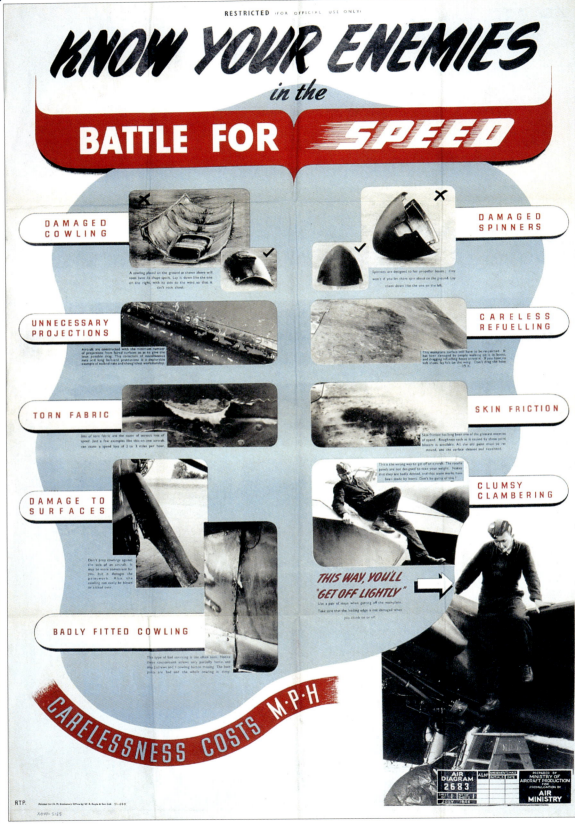

スピードの戦い ■前頁■

スピード、あるいはその不足は、戦闘地域で生死のちがいを意味する場合があった。爆撃軍団に配備された多くの爆撃機は、それぞれちがった対気速度を有し、もっともすぐれたモスキートとランカスターにはより高い生存のチャンスがあった。より低速で低空を飛行するハリファックスはランカスターより大きな損害をこうむり、ショート・スターリングはさらに損害が大きかった。同機は最終的に、1943年11月に爆撃軍団の作戦から引き揚げられた。四発爆撃機が搭載爆弾を投下すると、スピードは大きく増加した。ドイツ軍の夜間戦闘機は、電子装備や新型レーダーをどんどん追加するにつれて、空気抵抗が増大して、それとともに速力が低下した。開戦時には高い性能を発揮したBf110も、とくに爆弾を投下したあとでは、ランカスターとハリファックスをほとんど追い抜くことができなかった。

ハリファックス・パイロットの操縦装置

第二次世界大戦の重爆撃機パイロットには学ぶことがたくさんあった。それはひじょうに肉体的にきつい職業でもあった。訓練生は略図のおかげで実際の航空機を使わなくても操縦装置について学ぶことができた。これは航空機をほかのもっと重要な任務に振り向けるのに役立った。このイラストレーションの画家が、この操縦室を戦闘場面のまっただなかに置くことにした理由は定かではない。

航空機搭乗員用被服

ヨーロッパ戦線では、搭乗員は過酷な天候と極寒にも立ち向かわねばならなかった。与圧していない爆撃機や戦闘機で高高度を飛行する場合、外気温は零下45度以下になった。たえず凍傷になる危険があり、7時間も8時間もつづけて狭苦しい爆撃機で飛行するのは危険を増すばかりだった。正しい被服を着用することは生存と任務遂行のために欠かせなかった。機銃手は電熱服を支給されたが、これはつねに宣伝されたように効果的なわけではなかった。驚いたことに、アメリカ軍の搭乗員は英軍タイプの飛行長靴を好んだ。アメリカ軍制式の飛行長靴は、脱出しなければならなかった場合、長距離を歩くのにまったく適さず、敵の支配地では一目で敵に正体をあかしてしまった。英軍の1943パターン飛行長靴には、のこぎりの刃が隠してあり、これを使って長靴の脚部を切り離し、普通の短靴に見せることができた。

酸素マスクが合っているか確認せよ

第二次世界大戦中の作戦機は、B-29と少数の高高度専用の戦闘機や爆撃機、偵察機をのぞけば、与圧されていなかった。高度1万フィート（3048メートル）以上では、酸素が常時使用された。酸素供給系統の故障は通常、基地への帰投を意味した。搭乗員はたえずおたがいにチェックして、誰も酸素欠乏症にかかっていないことをたしかめる必要があった。酸素を失うと、パイロットや搭乗員があとどれだけ生きられるかは分刻みで計られることになった。

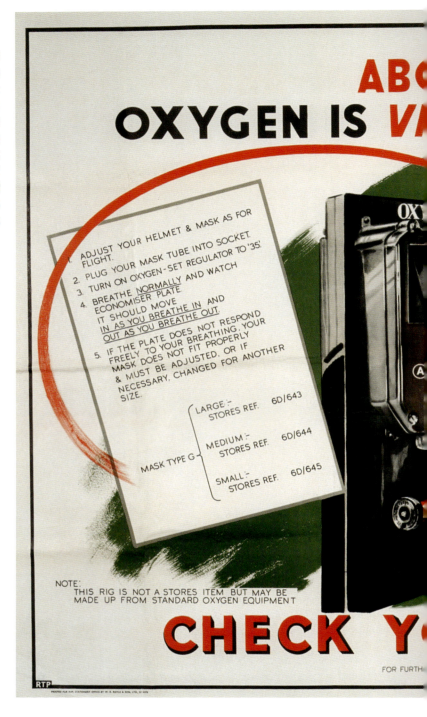

RESTRICTED
(For official use only)
VE 10,000 FT
AL TO YOUR EFFICIENCY
MASK TEST RIG.
A
OXYGEN ECONOMISER MKII
STORES REF. 6D 479.
WITH BREATHER HOLE OPEN-
-ED OUT TO 3½" SQUARE.
B
HP OXYGEN REGULATOR MKVIII
STORES REF. 6D/513
UR MASK FIT
ATION SEE A.P. 1275. VOL.I SECT. XI. CHAP. 10. AND 14.
AIR DIAGRAM 2532
SHEET Nº 1
Nº OF SHEETS 1
JULY 1943
A.L.Nº
AMENDMENTS MADE
INITIALS
DATE
PREPARED BY
MINISTRY OF AIRCRAFT PRODUCTION
FOR PROMULGATION BY
AIR MINISTRY

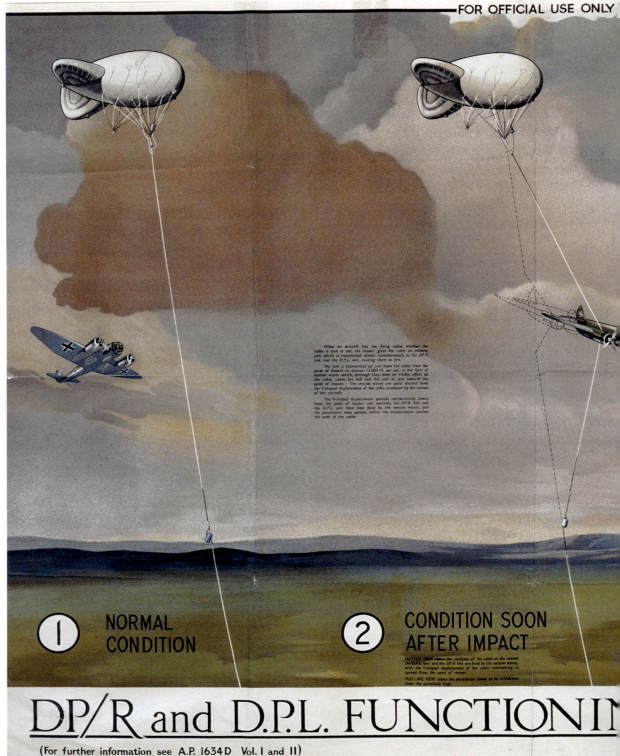

DP/R および DPL
静止阻塞気球

「阻塞気球の主要な機能は、多くの脆弱な目標を含むかもしれない地域への航空機による低空飛行攻撃にたいして、強力な抑止力を構成し、致死効果と心理的効果の組み合わせを提供することにある。したがって、気球の繫留索（ケーブル）に衝突することによる敵機の実際の破壊は、もし気球の存在が気球の運用高度以下からの目標地域への攻撃を防ぐ効果があれば、それほど重要ではない」
『防空パンフレット』第8号、1942年11月

DPLパラシュート・リンクは、爆薬式ケーブル・カッターと、ケーブルの両端に取りつけられた丈夫なパラシュートで構成されていた。その目的は、航空機にぶつかって最大限の損害をあたえることにあった。システム全体は航空機がケーブルにぶつかったとき作動する。すると爆薬式カッターが爆発して、ケーブルの長い部分を切り離す。切断されたケーブルの両端には小さいが強力なパラシュートがついていて、開傘し、航空機のスピードを落として、墜落させることを期待していた。

ケーブル・カッター

低空飛行の危険のひとつが、たえず存在する阻塞気球の脅威だった。危険なのは気球自体ではなかった。脅威は気球が空中でぶら下げている太い鋼鉄製ケーブルからもたらされた。こうしたケーブルは大きな損害をあたえたり、航空機を墜落させる可能性があった。阻塞気球のケーブル・カッターはほとんどの中型爆撃機と重爆撃機の標準装備だった。

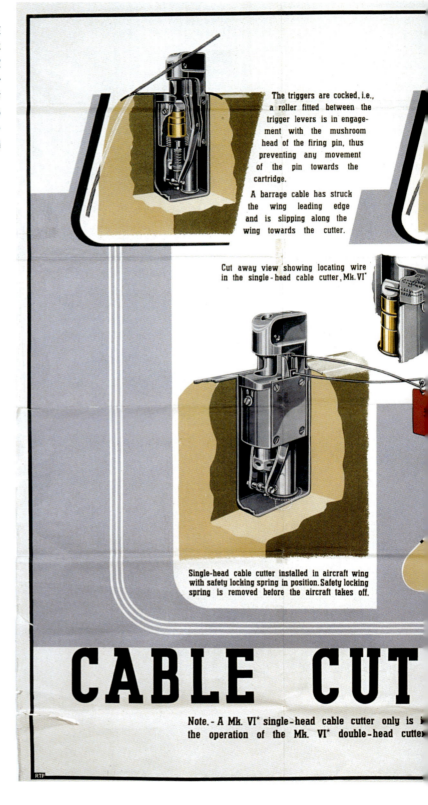

RESTRICTED
(FOR OFFICIAL USE ONLY)

The barrage cable has slipped into the jaw of the cutter and has deflected the trigger levers. This movement forces the roller out of engagement with the mushroom head of the firing pin, and the pin, free from restraint, moves towards the cartridge under the action of the compressed spring.

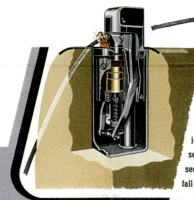

The firing pin has initiated the cartridge and the resulting explosion has driven the chisel out of the cartridge case. The chisel carries the cable across the jaw to the anvil and then severs the cable. The two sections of the cable then fall away from the aircraft.

Typical installation of Mk. VI* cable cutters

MK. VI* INSTALLATION AND OPERATION

AIR DIAGRAM 2159
SHEET N° 1 N° OF SHEETS 1
MAY 1944

PREPARED BY MINISTRY OF AIRCRAFT PRODUCTION FOR PROMULGATION BY AIR MINISTRY

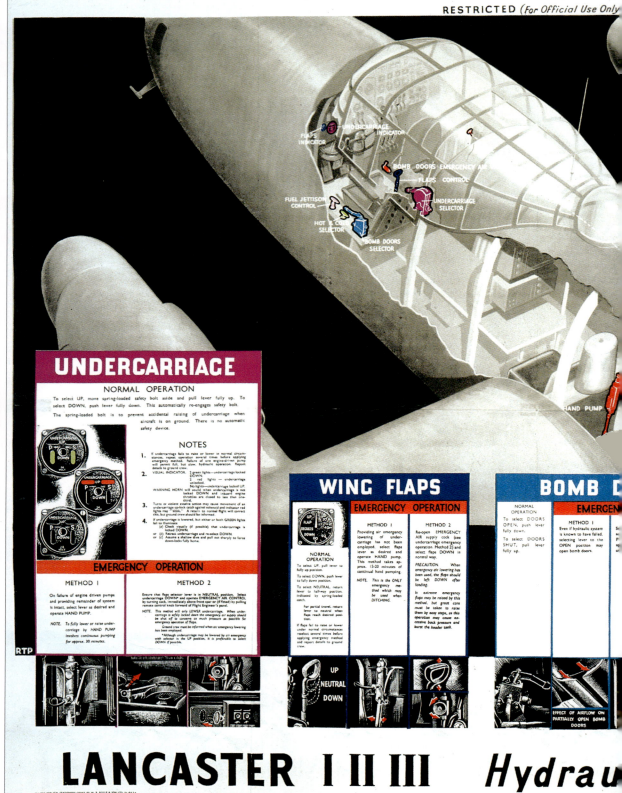

第4章　各国図版コレクション

ランカスターの油圧式制御装置

1941年には、重爆撃機は複雑な空飛ぶ機械だったが、現在の航空機の水準にくらべれば、ランカスターは比較的単純だった。主油圧系統は、内側エンジンのポンプから供給を受けていた。これが着陸装置やフラップ、爆弾倉の扉を動かした。空気式ブレーキと電気系統も内側エンジンから供給を受けていた。この賢明な配置のおかげで、ランカスターはどちらの内側エンジンを失っても、機能しつづけることができた。

イギリス

セントーラス・エンジン

セントーラスはイギリスがかつて製造したもっとも重要なレシプロ・エンジンのひとつとして、ロールスロイス・マーリンにつづくはずだった。驚くべきことに、製造されたのは結局、約400基にすぎなかった。プロトタイプが1938年7月にはじめて始動したとき、誰もこれが単発戦闘機に有用なエンジンになるとは考えなかった。たしかにシドニー・カムは1基を自分のトーネードのプロトタイプに取りつけ、時速421マイル(678キロ)を達成して、同機を1941年当時、世界最速の軍用機にしたが、残念なことに、誰も気に留めなかった。セントーラスは最終的にホーカー・テンペストIIとシーフューリーに搭載されたが、いずれも第二次世界大戦で実戦に参加するには遅すぎた。

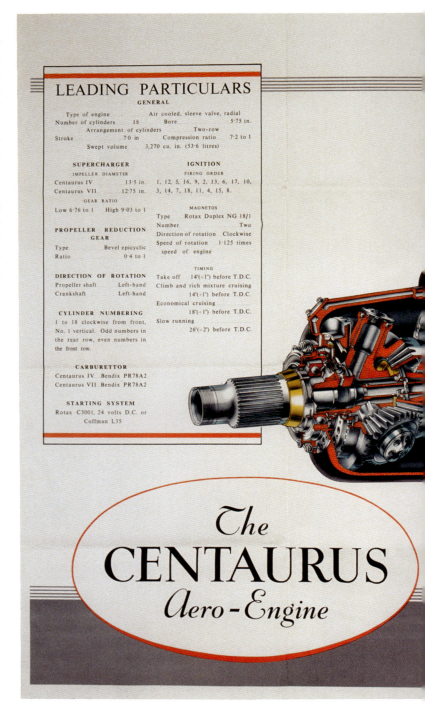

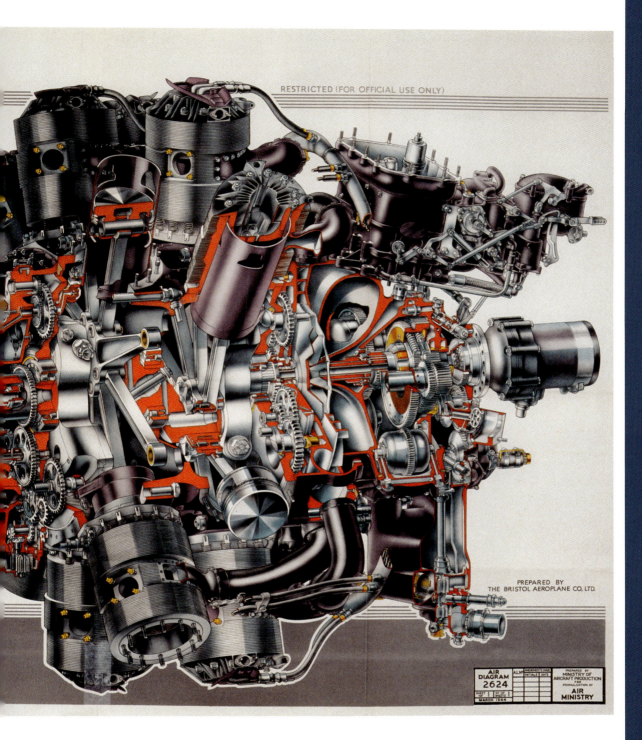

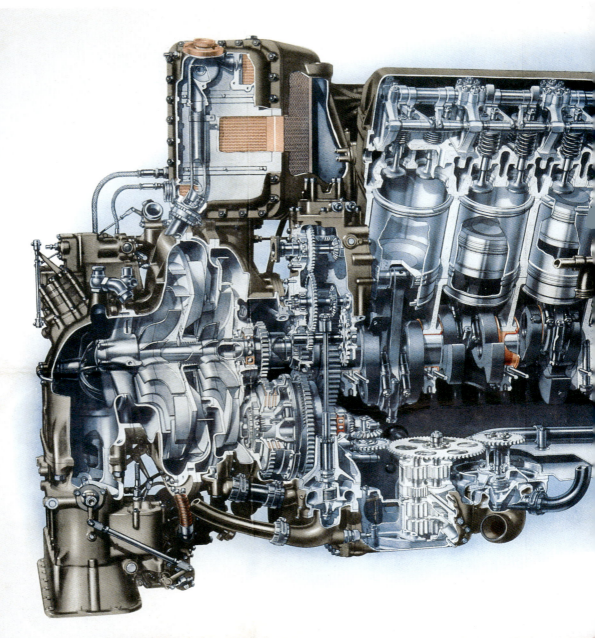

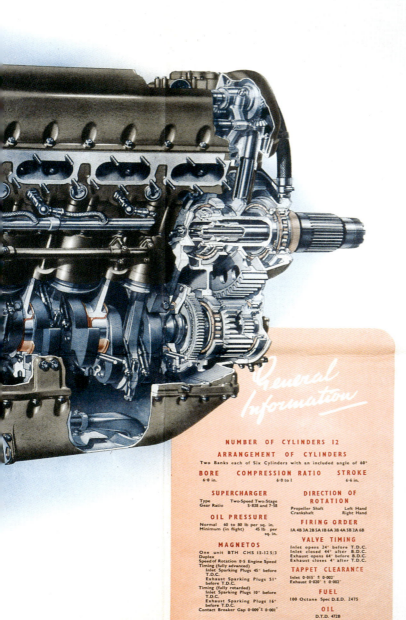

グリフォン・エンジン

戦争勃発時、マーリン・エンジンと同様だが、より排気量が大きいエンジンの製造を開始することが決定された。新しいグリフォンは、12気筒の60度V型液冷発動機を発展させるロールスロイスの方針を引き継いでいた。基本的にグリフォンはマーリンの拡大型で、排気量は1649立方インチ（27.02リットル）から、2239立方インチ（36.69リットル）になっていた。驚くべきことに、より大きなはずのエンジンが、実際には同等のマーリンより全長が短かった。また新型のグリフォンは既存のマーリン・エンジン搭載戦闘機に搭載できるように作られることが必要不可欠だった。2000馬力のグリフォン・エンジンを装備したスピットファイアMkXIVは、大戦でもっとも優秀な戦闘機のひとつだった。

イギリス

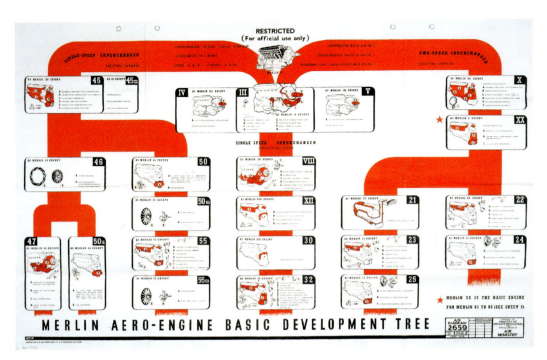

マーリン航空エンジン発展系統図

　多くの人間がロールスロイス・マーリンは第二次世界大戦でもっとも偉大な航空機エンジンと評してきた。このエンジンは、有名なスピットファイアやマスタング以外にも、ランカスターやモスキート、古強者のホーカー・ハリケーンをふくむ17機種の戦闘機や爆撃機のエンジンとして搭載された。1937年にハリケーンの初生産機が飛行したとき、同機はマーリンⅡエンジンを動力としていた。海面高度での離昇定格出力は890馬力だったが、短時間の戦闘出力を使えば、高度1万6000フィート（4877メートル）でエンジンから1030馬力までしぼりだすことができた。終戦時には、マーリン66エンジンは1650馬力以上を発揮することができた。イギリスとアメリカで合わせて45種類、15万台のマーリン・エンジンが製造された。

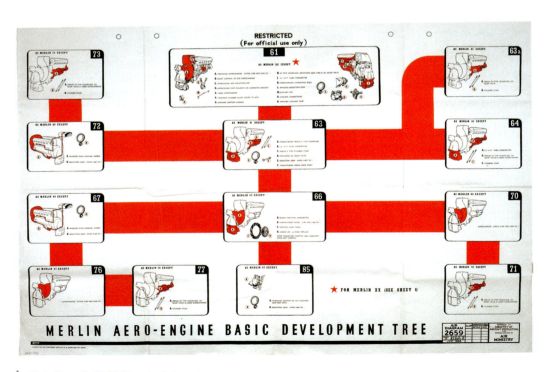

航空エンジンの排気炎

エンジンの能力を最大限引きだす方法を知ることは、生きてまた戦う日を迎えるか、北海に不時着水するかの、ちがいを意味する可能性があった。

「最近の2年間で、パイロットにエンジンの取り扱いの原則を教え、性能をじゅうぶんに引きだすことに、大きな進展があった。しかし、教育においてリアリズムを実現するのは困難であり、残念ながら──多くのパイロットにとって──速度と航続距離の面である性能を達成するためには、エンジンと燃料の正しい使いかたとまちがった使いかたがあるという、じつに説得力のある実演を彼らがはじめて経験するのは、2機の飛行機が同じ飛行を行なったのに、1機はありあまる燃料を残して基地に帰投し、もう1機はタンクが空になって不時着水しなければならなかったのを見たときである」

『搭乗員訓練公報』第19号、1944年8月

ハーキュリーズの過給器■下■

過給器は単純にいえば、内燃機関に空気を詰めこむ送風機、あるいは空気ポンプである。そのおもな機能は、より高い高度でエンジンがより多くの出力を発揮できるようにすることだ。航空機が高度を上げるにつれて、空気はどんどん薄くなる。薄くなった空気はエンジンの出力を失わせる。過給器の仕事はこの効果を打ち消すことだ。第二次世界大戦中の作戦機に使われたエンジンは、全部ではないにせよほとんどが過給器を装備していた。この複雑な装置はテクノロジーの驚異だった。ハーキュリーズの二速過給器はエンジンの後部に取りつけられていた——エンジンのクランクシャフトに連結されて。ハーキュリーズ・エンジンはボーファイター、ウェリントン、スターリング、ハリファックス、アルベマール、ランカスターII、ヘイスティングズ、ハーミーズ、ヴァイキング機に搭載された。

焦土ブレーキング■次頁■

このポスターはパイロットに、着陸時ブレーキを使いすぎる危険をはっきりと警告している。ブレーキが過熱すると、タイヤに火がついて、航空機あるいは周囲の建物の損失につながりかねなかった。

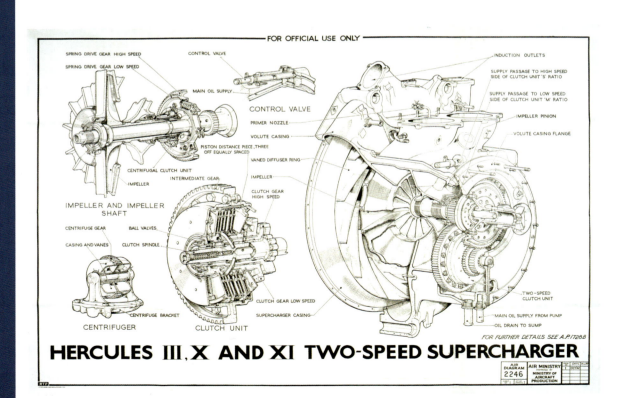

無線援助

第二次世界大戦中には、ドイツ上空を目標へと向かう爆撃機の搭乗員を援助するために、多くの無線援助が開発され、帰投する際にも同じぐらい役立つことが実証された。これらはドイツ軍にとっても大いに有用だった。ドイツ軍はこうした送信を探知して追尾できる多種多様な装置を開発したからだ。爆撃軍団は1943年11月には、700機以上の重爆撃機をドイツ全土の目標に送りだすことができた。兵力の巨大さゆえに、発信される電子信号は、ドイツ軍にじゅうぶんすぎる準備の時間をあたえた。爆撃軍団が搭乗員に電子装置を長時間作動させるのを許していたことに、ドイツ軍はいつも驚かされた。

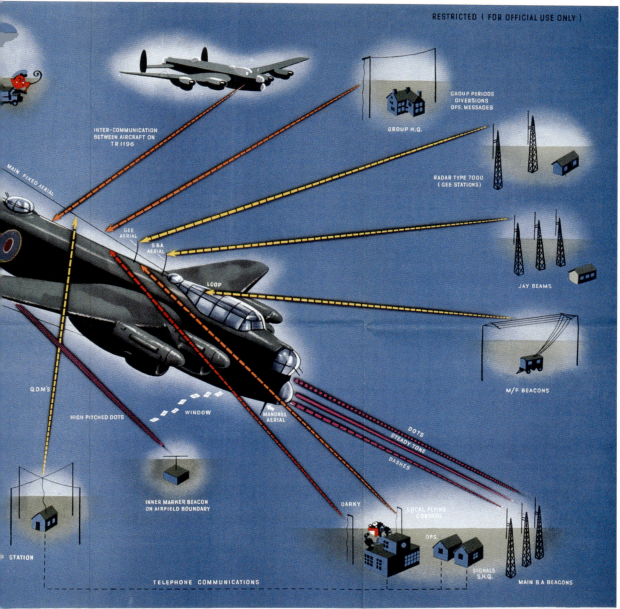

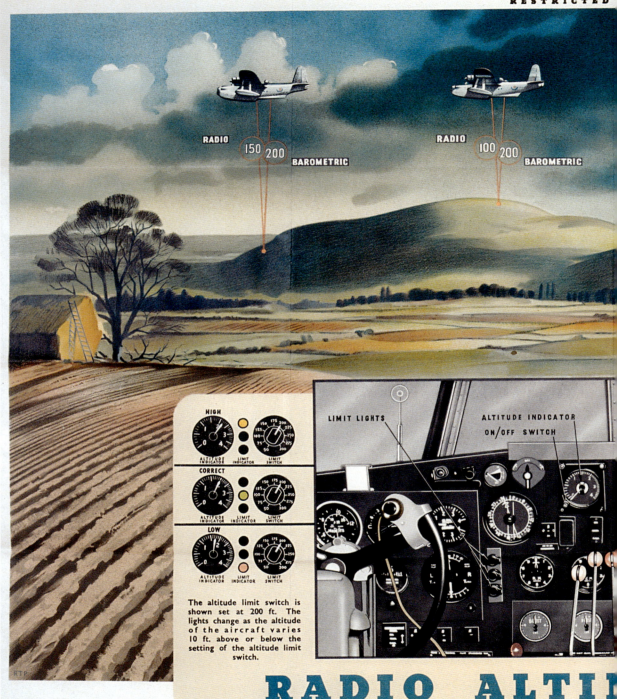

電波高度計

電波高度計は通常の気圧高度計よりはるかに正確だった。このすばらしい風景イラストレーションは、2つの装置のあいだの高度のちがいをしめしている。ここで描かれている航空機は、ショート・サンダーランド飛行艇だ。

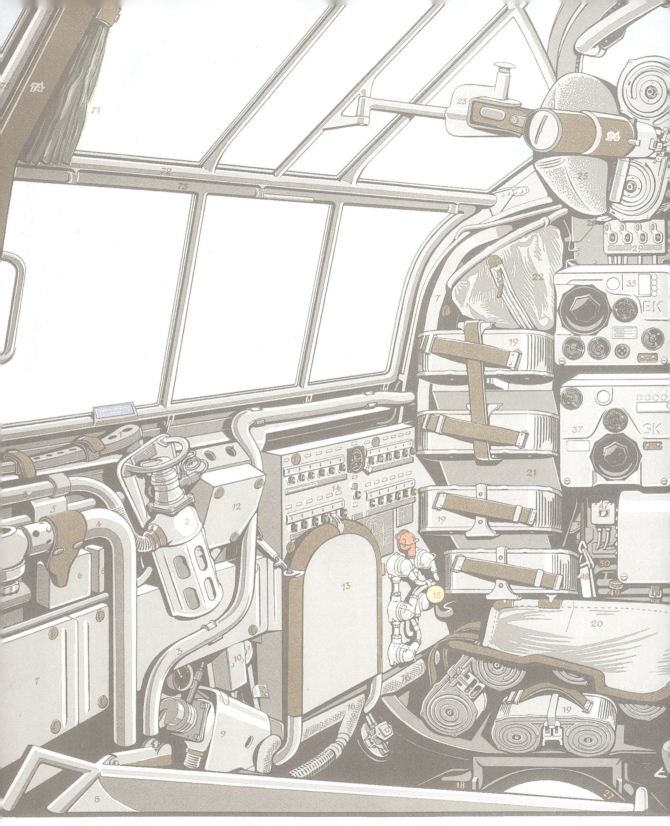

1 Rauchgeräteabwurf-Hebel
2 Atemgerät für Bombenschützen
3 Höhenatmerschlauch
4 Hilfssteuerknüppel
5 Federnde Schelle für Hilfssteuerknüppel
6 Widerstandskästen für Kurssteuerung
7 Kabelkanal
8 Bombenschützensitz (Rückenlehne zurückgeklappt)
9 Atemgerät für Fliegerschützen
10 Schaltschütz für Abwurf R 7
11 Kontaktdose R 115
12 List-Relais R 110
13 Fliegerschützensitz (hochgeklappt)
14 Schalttafel
15 Kraftstoffhandpumpenhebel am Spant 9
16 Beheizung
17 Außenbordanschluß für elektr. Anlage
18 Bodenwanne
19 Doppeltrommel
20 Trommel-Fangnetz
21 Leertrommelkästen
22 Leerhülsenbeutel
23 MG-Zurrung
24 MG 15
25 Hülsensack 15 n A
26 MG-Lagerung
27 Linsenlafette
28 Einrastklinke für FT-Tafel
29 Selbstschalterkasten
30 Verteiler F 36
31 Frequenzwahlschalter für Bake
32 Hinweisschild für FT-Tafel
33 Rasteinstellschlüssel
34 Borduhr
35 Empfänger „Kurz"
36 Empfänger „Lang"
37 Sender „Kurz"
38 Sender „Lang"
39 Funker-Schaltkasten 13
40 Fernbediengerät FBG 3
41 Taste
42 FT-Tafel
43 Riegel für FT-Tafel
44 Bootsauslösehebel
45 Funkerhandlampe
46 Senderumformer
47 Telefon-Zusatzgerät für K
48 Schultergurt für Flieger
49 Hebel für Ventilbatterie
50 Behälter für Leiter
51 Leiter

Germany
ドイツ

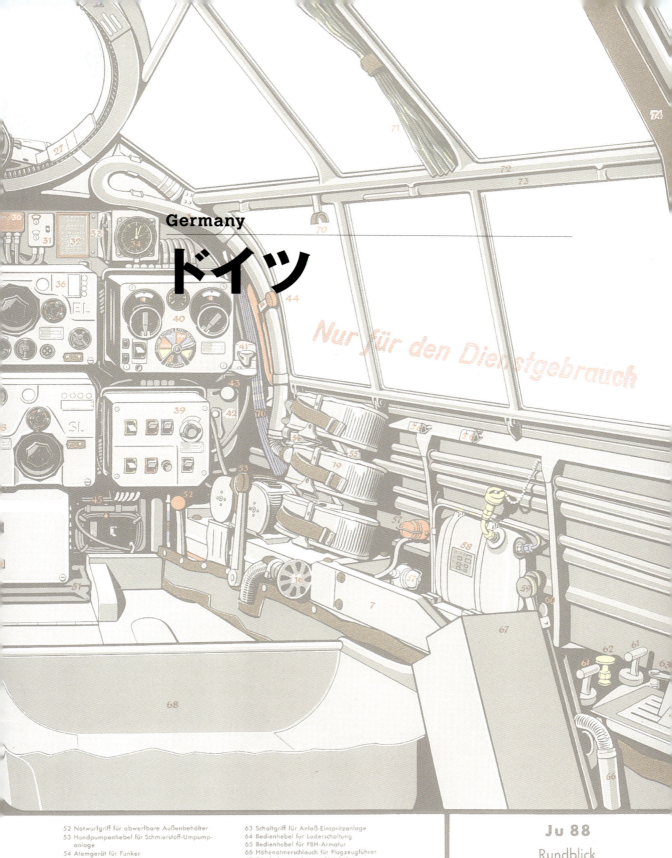

Nur für den Dienstgebrauch

52 Notwurfgriff für abwerfbare Außenbehälter
53 Handpumpenhebel für Schmierstoff-Umpump-anlage
54 Atemgerät für Funker
55 Doppeltrommellagerung
56 Halterung für Zeitzünderzusatzgerät
57 Stecker für Zeitzünderzusatzgerät
58 Anlaß-Einspritz-Gemischbehälter
59 Bedienhebel für Kraftstoff-Handpumpe
60 Bedienhebel für Tragflügel- und Luftschrauben-Enteisung
61 Bediengriff für Führerraumheizung
62 Anlaß-Einspritzpumpe
63 Schaltgriff für Anlaß-Einspritzanlage
64 Bedienhebel für Laderschaltung
65 Bedienhebel für FBH-Armatur
66 Höhenatmerschlauch für Flugzeugführer
67 Zünderbatteriekasten ZBK 241/1
68 Funkersitz
69 Verstellhebel für Funkersitz
70 Lyra-Schelle für Funkerhandlampe
71 Blendschutz
72 Abwerfbares Führerraumdach
73 Abwerfbare Seitenteile
74 Spant 6
75 Kabelkanal für FT-Anlage
76 Sauerstoffleitungen

TZG 10

Ju 88
Rundblick
des
Funkers

Anforderungszeichen: Fl Ub 8-135

170 ｜ 第４章　各国図版コレクション

フォッケウルフ Fw190の配線図 ■右■

Fw190の爆弾投下装置の電気系統配線図。Fw190の戦闘爆撃機型は、1000キロの爆弾を搭載できた。

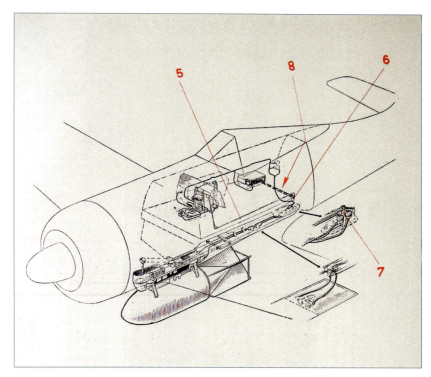

シュールグライター 38 ■上■

シュールグライター38(SG38)の運用マニュアルの表紙。正確な数字はわからないが、9200機近いSG38グライダーが製造されたと見積もられている。

『Fw190 エアザッツタイル・リステ』 ■前頁上■

この交換部品リスト・マニュアルの表紙の線画は、Fw190戦闘機の流麗なラインを効果的に見せている。「ヴュルガー(百舌)」という愛称がつけられた同機は、第二次世界大戦最強の戦闘機のひとつだった。

『Fw200C エアザッツタイル・リステ』 ■前頁下■

Fw200C交換部品リスト・マニュアルの表紙。

JUNKERS-JU 87

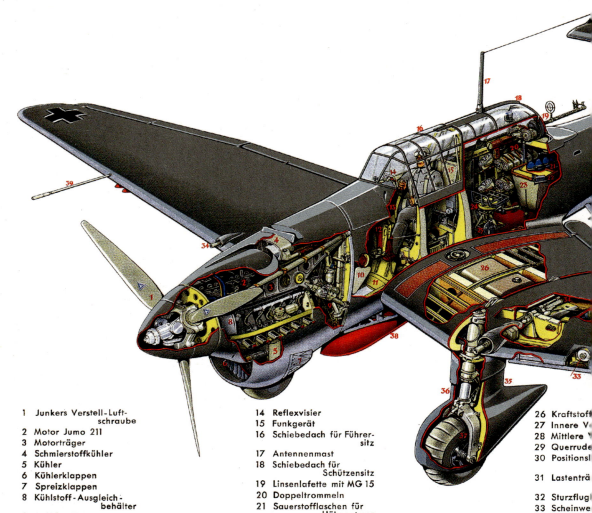

1 Junkers Verstell-Luft-
　　schraube
2 Motor Jumo 211
3 Motorträger
4 Schmierstoffkühler
5 Kühler
6 Kühlerklappen
7 Spreizklappen
8 Kühlstoff-Ausgleich-
　　behälter
9 Anlaßwelle
10 Schmierstoffbehälter
11 Abdeckblende
12 Pedal für Seitensteuer
13 Steuerknüppel

14 Reflexvisier
15 Funkgerät
16 Schiebedach für Führer-
　　sitz
17 Antennenmast
18 Schiebedach für
　　Schützensitz
19 Linsenlafette mit MG 15
20 Doppeltrommeln
21 Sauerstofflaschen für
　　Höhenatmer
22 Funk-Taste
23 Leerhülsensack
24 Schützensitz (drehbar)
25 Schleppantennenhaspel

26 Kraftstoff
27 Innere V
28 Mittlere
29 Querrude
30 Positionsl
31 Lastenträ
32 Sturzflug
33 Scheinwe
34 Starres F
35 Hintere
36 Vordere

Junkers Flugzeug-und-Motorenwerke A.-G., Dessau

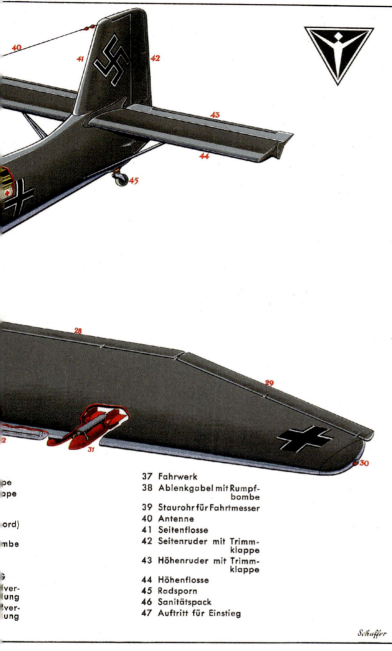

37 Fahrwerk
38 Ablenkgabel mit Rumpf-
   bombe
39 Staurohr für Fahrtmesser
40 Antenne
41 Seitenflosse
42 Seitenruder mit Trimm-
   klappe
43 Höhenruder mit Trimm-
   klappe
44 Höhenflosse
45 Radsporn
46 Sanitätspack
47 Auftritt für Einstieg

Schaffer

J. F. M.-Lehrmittelabteilung LM-Nr. 561

ユンカース Ju87

戦争がはじまったとき、Ju87シュトゥーカは、いささか旧式な機体だった。ポーランドやノルウェー、フランス、ベルギー、オランダでの緒戦の戦果は、避けがたい現実を先延ばしにしたにすぎなかった。よく組織された戦意の高い戦闘機防空網に出会うと、Ju87は相応の損害をこうむった。英国本土航空戦では、Ju87部隊は大きな損害を出した。1940年8月13日と18日のあいだに、英国空軍の戦闘機は41機のJu87を撃墜した。8月19日、シュトゥーカは戦闘から引き揚げられた。ただし、じゅうぶんな戦闘機の掩護があれば、Ju87は破壊的な兵器だった。シュトゥーカは史上どんな種類の航空機よりも多くの艦船を沈め、イタリアやハンガリー、スロヴァキア、ルーマニア、ブルガリアをふくむ、枢軸国のあらゆる空軍で広く使用された。

ドイツ

JUNKERS- JU 86 K

A	A-Stand	12	Handhebel für Bombennotwurf	26	Füh
B	B-Stand	13	Drehkranzlafette	27	Fed
C	C-Stand	14	Maschinengewehr	28	Eins
1	Maschinengewehr	15	Leertrommelsack		und
2	Vertikallafette	16	Leuchtpistole	29	Bon
3	Abwurfzentrale	17	Leuchtmunition	30	Kra
4	Zielgerät	18	Munitionsbehälter	31	Sch
5	Schiebefenster	19	Stemmring	32	Aus
6	Staurohr	20	Windschutzschirm	33	Einz
7	Absprungklappe	21	Senkturm (ausgefahren)	34	Ante
8	Munitionsbehälter	22	Bodenlafette	35	Ante
9	Leertrommelsack	23	Maschinengewehr	36	Steu
10	Sauerstofflaschen	24	Schlitten mit Munitionsbehälter	37	Füh
11	Klappfenster	25	Atemgerät	38	Vers

Junkers Flugzeug- und Motorenwerke A. G., Dessau

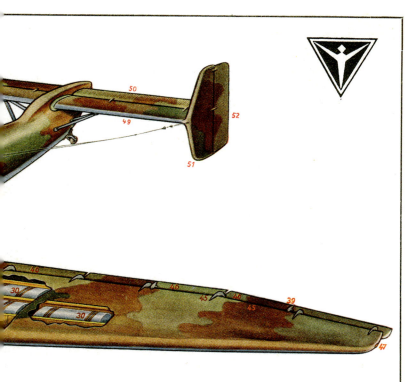

ユンカース Ju86K

この断面図はJu86中型爆撃機の輸出型をしめす。スウェーデンやチリ、ポルトガル、南アフリカ、ハンガリーをふくむ多くの国がJu86を購入した。ほとんどはプラット＆ホイットニー・ホーネット・エンジンあるいはブリストル・ペガサス・エンジンを装備していた。このイラストレーションでは、どの型式のエンジンが装備されているかしめされていない。Ju86の唯一の現存する機体はスウェーデンの空軍博物館（フリーグヴァペンムセウム）に置かれている。

ドイツ

iene für Senkturm
ch für Senkturm
 mit Leiter
mmelsack
azine
älter
behälter
chtung für Fahrgestell
 Fahrgestell

st

 für Führersitz

39 Ausgleichgewichte
40 Peilrahmen
41 Spreizklappen (Kühlung)
42 Auspuffsammelring
43 Luftansaugschacht
44 Anwerfkurbel
45 Querruder
46 Landeklappen
47 Positionslampe
48 Feuerlöscher
49 Höhenflosse
50 Höhenruder
51 Seitenflosse
52 Seitenruder

Zchg. Schaffer

Lehrmittelstelle LM - Nr. 1311

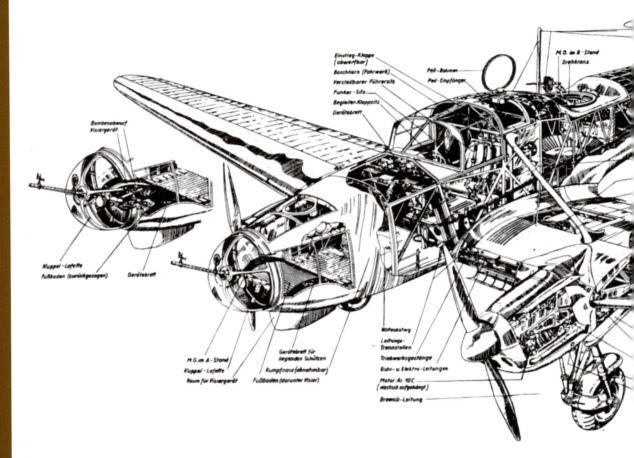

フォッケウルフ Fw58

Fw58はイギリスのアヴロ・アンソンと同種のひじょうに成功した多用途機だった。断面図で描かれている型はV2で、武装を搭載し、MG15機関銃を機首に2挺、操縦室後方に1挺、装備していた。生産数はドイツ軍用が1668機で、輸出用が319機だった。

ドイツ

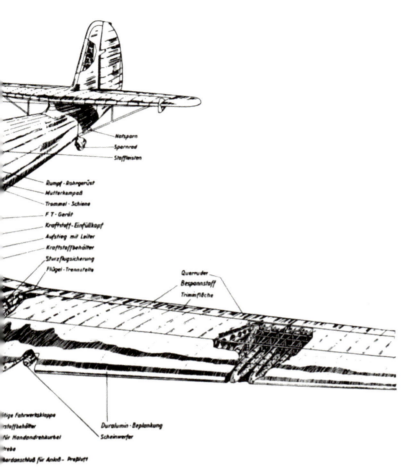

Ju87 熱帯型部品名称
および分解図■下■

Ju87はドイツ空軍が戦ったあらゆる戦域で使われた。北アフリカと地中海では、シュトゥーカD-1型は、潤滑系を保護するためにエンジンの空気取り入れ口に防塵フィルターをつけて熱帯仕様にされた。同機は1942年5月、ビル・ハケイムへの作戦ではじめて実戦参加した。

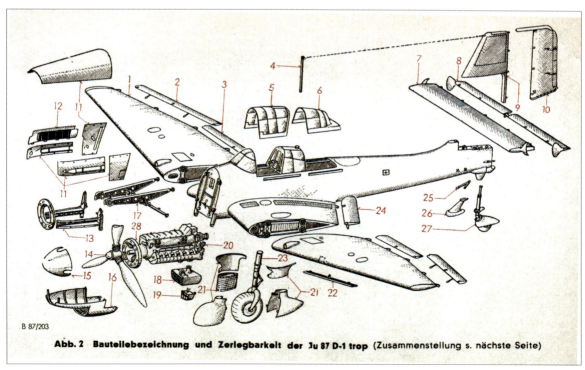

Abb. 2 Bauteilebezeichnung und Zerlegbarkeit der Ju 87 D-1 trop (Zusammenstellung s. nächste Seite)

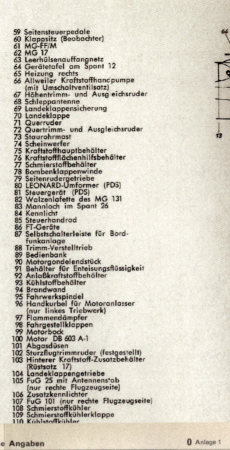

59 Seitensteuerpedale
60 Klappsitz (Beobachter)
61 MG-FF/M
62 MG 17
63 Leerhülsenauffangnetz
64 Gerätetafel am Spant 12
65 Heizung rechts
66 Allweiler Kraftstoffhandpumpe (mit Umschaltventilsatz)
67 Höhentrimm- und Ausgleichsruder
68 Schleppantenne
69 Landeklappensicherung
70 Landeklappe
71 Querruder
72 Quertrimm- und Ausgleichsruder
73 Staurohrmast
74 Scheinwerfer
75 Kraftstoffhauptbehälter
76 Kraftstoffflächenhilfsbehälter
77 Schmierstoffbehälter
78 Bombenklappenwinde
79 Seitenrudergetriebe
80 LEONARD-Umformer (PDS)
81 Steuergerät (PDS)
82 Walzenlafette des MG 131
83 Mannloch im Spant 26
84 Kennlicht
85 Steuerhandrad
86 FT-Geräte
87 Selbstschalterleiste für Bordfunkanlage
88 Trimm-Verstelltrieb
89 Bedienbank
90 Motorgondelendstück
91 Behälter für Enteisungsflüssigkeit
92 Anlaßkraftstoffbehälter
93 Kühlstoffbehälter
94 Brandwand
95 Fahrwerkspindel
96 Handkurbel für Motoranlasser (nur linkes Triebwerk)
97 Flammendämpfer
98 Fahrgestellklappen
99 Motorbock
100 Motor DB 603 A-1
101 Abgasdüsen
102 Sturzflugtrimmruder (festgestellt)
103 Hinterer Kraftstoff-Zusatzbehälter (Rüstsatz 17)
104 Landeklappengetriebe
105 FuG 25 mit Antennenstab (nur rechte Flugzeugseite)
106 Zusatzkennlichter
107 FuG 101 (nur rechte Flugzeugseite)
108 Schmierstoffkühler
109 Schmierstoffkühlerklappe
110 Kühlstoffkühler

Bf109F-1 から F-4 まで
一般配置図■下■

この鮮明な青図は、Bf109F-1の内部構造をはっきりとしめしている。Bf109F、またはフリードリヒは、この有名なドイツ戦闘機のもっとも空力学的に洗練された型式で、プロペラのスピナーから発射されるエンジン搭載機関砲を装備していた。

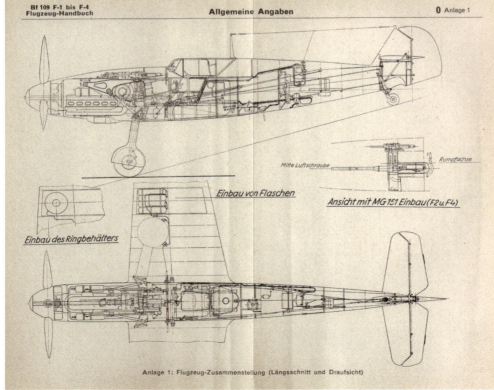

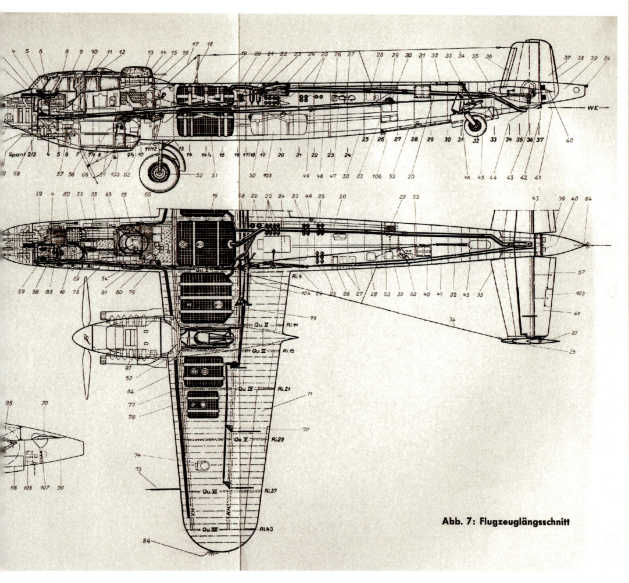

Abb. 7: Flugzeuglängsschnitt

Do217N-1 の縦断面図

この縦断面図は、Do217夜間戦闘機の内部構造をしめしている。DB603エンジン2基を装備し、20ミリ機関砲2門と7.9ミリ機関銃4梃で武装したDo217夜間戦闘機は、1942年から43年にかけての冬にヨーロッパ占領地の夜空に出現すると、手強い相手となった。

Ju88 のパイロット席および爆撃手席の全景

Ju88の搭乗員は、パイロットと爆撃照準手、航空機関士、そして無線手で構成された。Ju88では、搭乗員は機体前方でひとかたまりになっていた。イギリスのプロパガンダによれば、これは士気を高めるためだったが、実際には狭苦しくて不十分な作業空間を生みだした。パイロットは左側の高い位置に座り、爆撃照準手は右に座って、MG15前方機関銃も操作した。

1 Höhentrimmrad mit Sturzflugmarke
2 Querruder-Trimmrad
3 Seitenruder-Trimmrad
4 Umpumpschaltkasten
5 Schnellabluß
6 Umpump-Anzeigegerät
7 Rücktrimmknopf
8 Selbstschalterkasten für Scheinwerfer, Kennlichter, Gerätebeleuchtung und Staurohrbeheizung
9 Netzausschalter
10 Kurssteuerung (Hauptschalter)
11 Zündstecker
12 Laderschaltung
13 PBH-Armatur mit Schnellstop
14 Anlaßschalter
15 Spreizklappenverstellung
16 Luftschrauben-Handverstellschalter
17 Wahlschalter für Luftschraubenverstellung (Hand-Automatik)
18 Leitwerk-Enteisung
19 Gasdrossel
20 Sturzflugbremshebel
21 Fahrwerk- und Landeklappen-Anzeigegerät
22 Fahrwerksbetätigung
23 Landeklappen- und Höhenflossenverstellung
24 Drehsteuerschalter für Sperrverriegelung
25 Schalt- u. Kontrollgerät f. Rauchgeräte
26 Anzeigegerät für Funknavigation (Blindlandeanzeiger)
27 Kontakthöhenmesser
28 Fahrtmesser
29 Variometer
30 Schauzeichen für Staurohrbeheizung
31 Grob-Fein-Höhenmesser
32 Wendezeiger
33 Kurszeiger
34 Reflexvisier
35 Horizont
36 Betriebsdatentafel u. Deviationstabelle
37 Fernkurskreisel für Kurssteuerung
38 Schauzeichen für Kurssteuerung
39 Tochterkompaß für Kurss
40 Ladedruckmesser für Mot
41 Ladedruckmesser für Mot
42 Ferndrehzahlmesser L
43 Ferndrehzahlmesser R
44 Schmierstoff- und Kraftsta
45 Kühlstoff-Temperaturmes für linken Motor
46 Kühlstoff-Temperaturmes für rechten Motor
47 Funkpeil-Anzeigegerät mit Funkpeil-Tochterkomp
48 Schalthebel für die starre Rüstung de
49 MG 15
50 MG-Zurrkappe

51 Kontrollstrich für 50° Bahnlage
52 Kabelkanal für FT-Anlage
53 Maskenschlauch für Beobachter-Atemgeräte
54 Trennstelle für Rauch- und Nebelgeräte
55 Anschlußdose ADb 12 für Beobachter mit Brechkupplung
56 Bombenklappenkurbel
58 FT-Kabel für Kopfhaube für Beobachter
59 Außenlufttemperaturmesser
60 Vorratsmesser Kraftstoff-Schmierstoff
61 Wahlschalter für Kraftstoff- und Schmierstoff-Vorratsmesser
62 Vorratsmesser Kraftstoff-Schmierstoff
63 Sauerstoff-Druckmesser für Beobachter
64 Sauerstoff-Druckmesser für Flugzeugführer
65 Zünderschaltkasten ZSK 244 A
66 Bombenwahlschalter
67 Beleuchtungsregler für Gerätebretter
68 Kabelkasten
69 Notwurf für Leuchtpatronen
70 Leuchtpatronenkasten
71 Werkzeugtasche für MG 15
72 Fernbediengerät FBG 1 für Peil- und Zielflug-Verkehr
73 Bosch-Signalhorn
74 Fußpolster für Beobachter
75 Kurssteuerung-Notauslösung
76 Notzug für Dreiknopfschalter
77 Aufklappbares Kniepolster
78 Bombennotzughebel
79 Blindschorfhebel für LM
80 Bomben-Ziel-Gerät II
81 Richtungsgeber Lrg 5
82 Leuchtpistole
83 Reihen-Abwurf-Bediengerät RAB 14 c
84 Kursgeber
85 Bombenknopf
86 Nahkompaß
87 Borduhr
88 Steuersäule
89 Seitenruderpedal mit Laufradbremse
90 Kursvisier
91 Kuvispinne
92 Strahldüse für Heizungsanlage
93 Sitzverstellung (waagerecht)
94 Flugzeugführer-sitz
95 Sitzverstellung (senkrecht)
96 Ruderbremse nur alte Flugzeuge
97 Abkippmarke im Kanzelboden und an der Kuvispinne
98 Blendschutz
99 Öse mit Seilzug für vorderen Vorhang
100 Schalter für Kompaßstützung

Ju 88

Rundblick des Flugzeugführers und des Bombenschützen

Anforderungszeichen: Fl Üb 8-067

Ju88 の無線手席の全景

機体左側のパイロットの後ろ（図版では右側）には無線手が背中合わせに座って、上部後方機関銃を操作し、その右隣（図版では左側）には航空機関士が後ろ向きに座って、下部後方機関銃を操作した。機関銃は3挺とも75連サドル型弾倉を使用したが、3秒間撃っただけで交換しなければならなかった。後部にはこの弾倉が10個、はっきりと見える。

1 Rauchgeräteabwurf-Hebel
2 Atemgerät für Bombenschützen
3 Höhenatemschlauch
4 Hilfssteuerknüppel
5 Federnde Schelle für Hilfssteuerknüppel
6 Widerstandskästen für Kurssteuerung
7 Kabelkanal
8 Bombenschützensitz (Rückenlehne zurückgeklappt)
9 Atemgerät für Fliegerschützen
10 Schaltschütz für Abwurf R 7
11 Kontaktdose R 115
12 List-Relais R 110
13 Fliegerschützensitz (hochgeklappt)
14 Schalttafel
15 Kraftstoffhandpumpenhebel am Spant 9
16 Beheizung
17 Außenbordanschluß für elektr. Anlage
18 Bodenwanne
19 Doppeltrommel
20 Trommel-Fangnetz
21 Leertrommelkästen
22 Leerhülsenbeutel
23 MG-Zurrung
24 MG 15
25 Hülsensack 15 n A
26 MG-Lagerung
27 Linsenlafette
28 Einrastklinke für FT-Tafel
29 Selbstschalterkasten
30 Verteiler F 36
31 Frequenzwahlschalter für Bake
32 Hinweisschild für FT-Tafel
33 Rasteinstellschlüssel
34 Borduhr
35 Empfänger „Kurz"
36 Empfänger „Lang"
37 Sender „Kurz"
38 Sender „Lang"

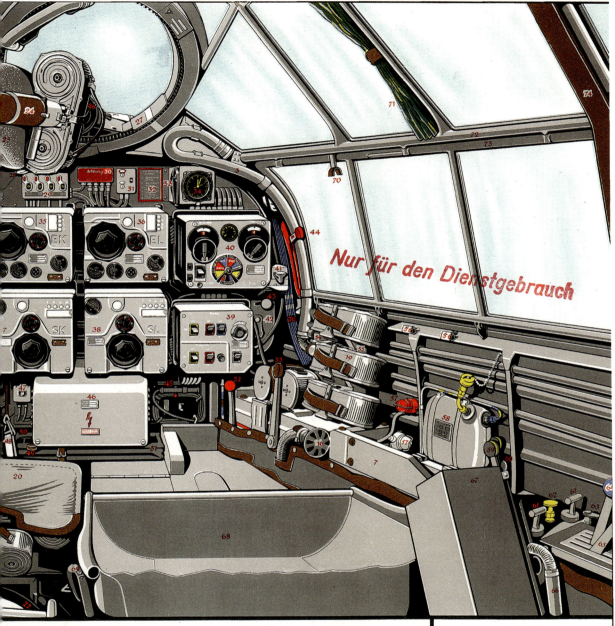

Ju 88 Rundblick des Funkers

Anforderungszeichen: Fl Üb 8-135

39 Funker-Schaltkasten 13
40 Fernbediengerät FBG 3
41 Taste
42 FT-Tafel
43 Riegel für FT-Tafel
44 Bootsauslösehebel
45 Funkerhandlampe
46 Senderumformer
47 Telefon-Zusatzgerät für kurze Welle TZG 10
48 Schultergurt für Fliegerschütze
49 Hebel für Ventilbatterie
50 Behälter für Leiter
51 Leiter
52 Notwurfgriff für abwerfbare Außenbehälter
53 Handpumpenhebel für Schmierstoff-Umpumpanlage
54 Atemgerät für Funker
55 Doppeltrommellagerung
56 Halterung für Zeitzünderzusatzgerät
57 Stecker für Zeitzünderzusatzgerät
58 Anlaß-Einspritz-Gemischbehälter
59 Bedienhebel für Kraftstoff-Handpumpe
60 Bedienhebel für Tragflügel- und Luftschrauben-Enteisung
61 Bediengriff für Führerraumheizung
62 Anlaß-Einspritzpumpe
63 Schaltgriff für Anlaß-Einspritzanlage
64 Bedienhebel für Laderschaltung
65 Bedienhebel für FBH-Armatur
66 Höhenatemschlauch für Flugzeugführer
67 Zünderbatteriekasten ZBK 241/1
68 Funkersitz
69 Verstellhebel für Funkersitz
70 Lyra-Schelle für Funkerhandlampe
71 Blendschutz
72 Abwerfbares Führerraumdach
73 Abwerfbare Seitenteile
74 Spant 6
75 Kabelkanal für FT-Anlage
76 Sauerstoffleitungen

Ju88A-1とA-5の急降下爆撃時における爆弾投下の仕組み

Ju88はもともと急降下爆撃機として設計されたわけではなかった。初期のプロトタイプは非武装で、のちのイギリスのモスキートのように、高速を利して敵戦闘機を回避するよう考えられていた。しかし、この考えがじゅうぶんに理解される前に、ドイツの空軍省はJu88に防御武装を搭載し、急降下ブレーキを装着するよう命じた。おかげで新しいJu88の速度は実質的に時速65キロ低下した。戦時中、Ju88は優秀な急降下爆撃機であることを実証した。このイラストレーションは正しい急降下爆撃航程を実施するために必要な手順をしめしている。

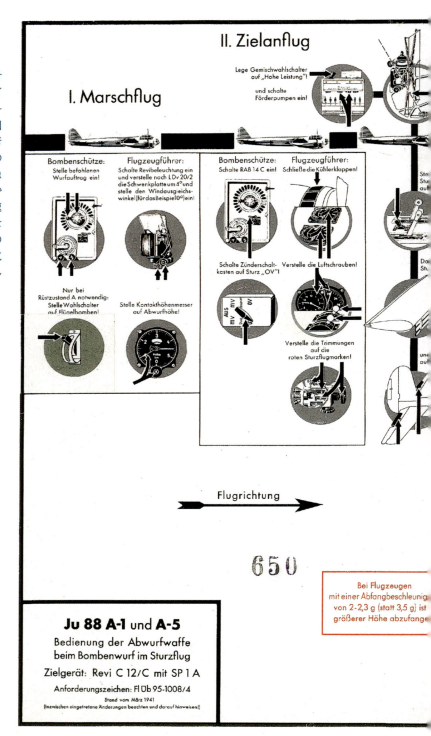

III. Sturzflug

Flugzeugführer:

sich Abkippmarken am Kuvi
m Kanzelboden mit Ziel decken:

Stelle Gasdrosseln
auf Leerlauf

Ziele
mit Revi so,
daß das Ziel ein Grad
über dem Revikreis liegt!

automatisch
e ausgefahren

Achte auf roten Stift!

Kontaktbeginn

Ziehe Flugzeug
während des Hupens so, daß
in 1000 m Höhe das Ziel am
unteren Rande des Revikreises
liegt!

**Beispiel: Sturzflug in 50 Grad Neigung
mit Sturzflugbremse ohne Wind**

Es soll eine Flügelbombe (RAB Nr. 20) o.V. im Sturzflug
aus 1000 m Höhe geworfen werden

Alle Bilder zeigen die Endstellung!

Nur für den Dienstgebrauch

gestellt

Kontaktende

V. Übergang in Reiseflug

Hupe ertönt

Ziel im Abkommpunkt für den Wurf
einen Augenblick ruhig halten!

Drücke
Bombenknopf!

Dadurch
wird durch den Drehschlagmagnet
die Trimmklappe zurückgestellt
und über den Trimmklappenschalter

der
Stromkreis
zum RAB
geschlossen

IV. Nach dem Abfangen

Bei 2-2,3 g Abfangbeschleunigung
weiter ziehen und schwanzlastig
trimmen

Flugzeug fängt ab

Bombe fällt sofort

Stelle
Sturzflugschalter
auf „Ein"!

Dadurch
wird
automatisch
Sturzflugbremse
eingefahren

Roter
Stift
nicht
sichtbar!

Bombenschütze:
Schalte RAB aus!

Flugzeugführer:
Gib langsam Gas!

Schalte Zünderschaltkasten
auf „Aus"!

Verstelle unter Beachtung der
Drehzahl die Luftschrauben!

Öffne die Kühlerklappen!

L/1005

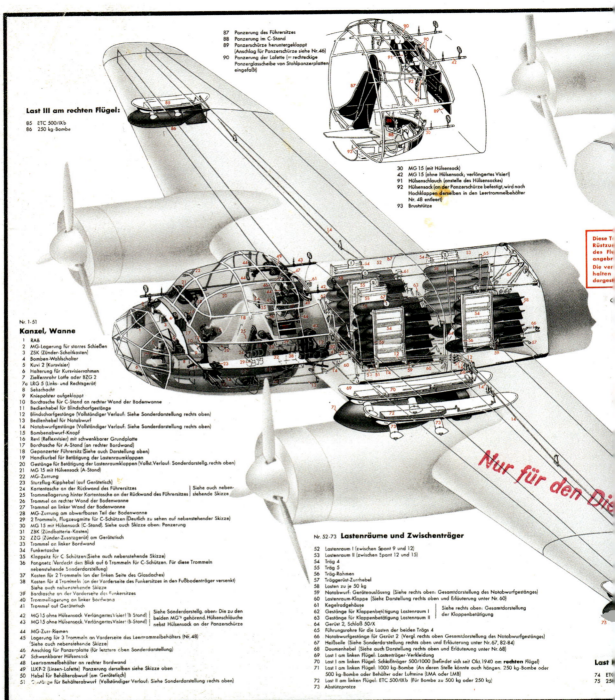

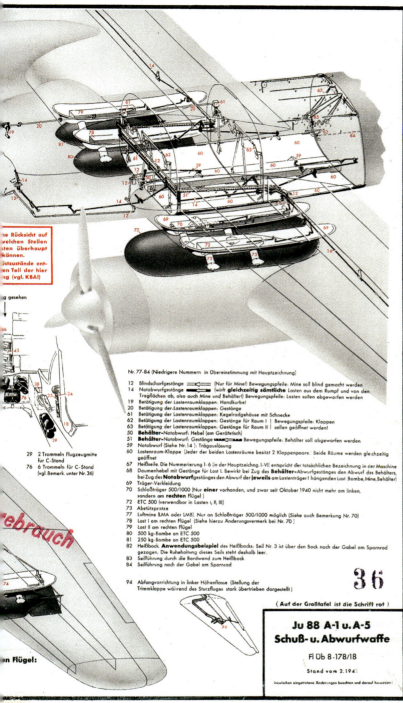

Ju88A-1 と A-5 の火器および爆弾投下装置

Ju88は中程度の航続力を持つ戦術爆撃機だった。Ju88の初期型は2つの爆弾倉に50キロ爆弾28発を搭載できた。外部には、主翼下の大きな爆弾架4カ所（胴体とエンジンのあいだに位置する）に250キロ爆弾を搭載できた。のちの型式は500キロ爆弾を4発搭載できた。外翼の爆弾架は250キロ爆弾を懸吊できた。このイラストレーションは搭乗員の防弾鋼板と防御武装、弾薬の搭載場所、爆弾投下装置をしめしている。

ドイツ

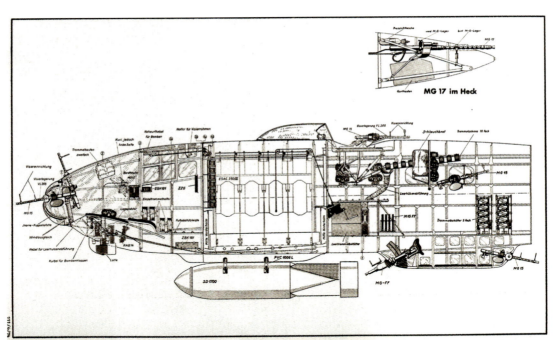

Abb. 28: Gesamtübersicht der Bewaffnung He 111 H-5

a MG 17
b Gußlafette
c Stahllafette
d Zuführschächte
e Abführschächte
f Vollgurtkästen
g Preßluftflaschen
h ESK 2000 b
i Ziellinienprüferrohr
k KVK 17
l SVK 42 B
m A-Knopf
n SKK 404-2
o Revi C 12/D
p Selbstschalter an Hauptschalttafel

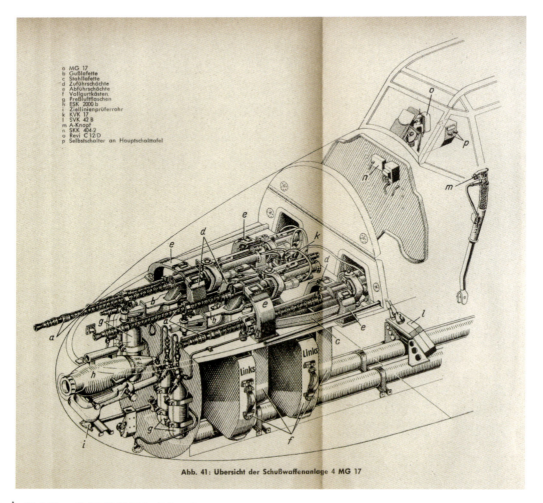

Abb. 41: Übersicht der Schußwaffenanlage 4 MG 17

He111H-5の全武装 ■前頁上■

1941年から1942年にかけての冬と1942年夏の英国夜間空襲（ブリッツ）でもっとも広く使われたのは、ハインケルHe111H-5だった。同機はイギリスの各都市に投下された大型爆弾やパラシュート爆弾のほとんどを運んだ。He111H-5は前の型にくらべてより重武装（MG17機関銃7挺と20ミリ機関砲1門）で、尾部に遠隔操作の固定機関銃1挺を装備していた。さらに1000キロ爆弾を懸吊できる外部爆弾架を2カ所そなえていた。

Me110の機関銃装備全景 ■前頁下■

第二次世界大戦がはじまったとき、Bf110は世界一重武装の双発戦闘機だった。7.92ミリのMG17機関銃4挺と20ミリ機関砲2門（4挺の機関銃装備の下に発射管が見える）の組み合わせは、空対空および空対地任務の両方で、強力な火力を提供した。

Me410の5センチBK砲 ■下■

BK5砲は、Me410が搭載したなかでもっとも口径の大きな武器だった。地上目標および空中目標にたいするその命中率はあまり高くはなかった。

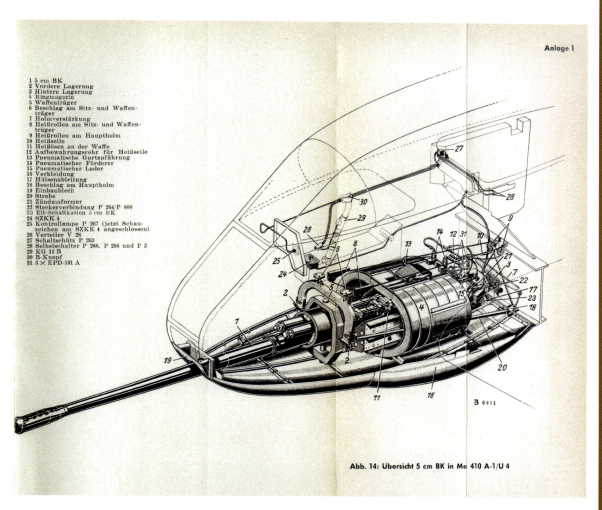

Abb. 14: Übersicht 5 cm BK in Me 410 A-1/U 4

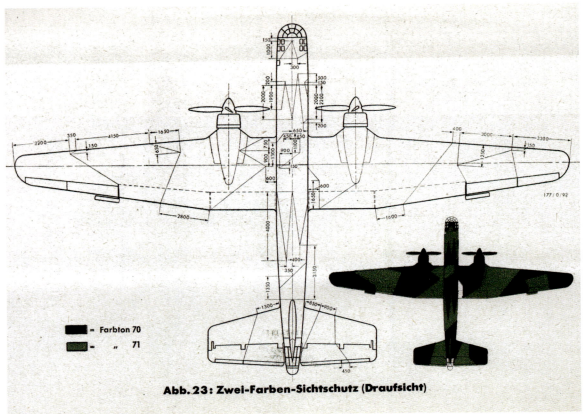

= Farbton 70
= 〃 71

Abb. 23: Zwei-Farben-Sichtschutz (Draufsicht)

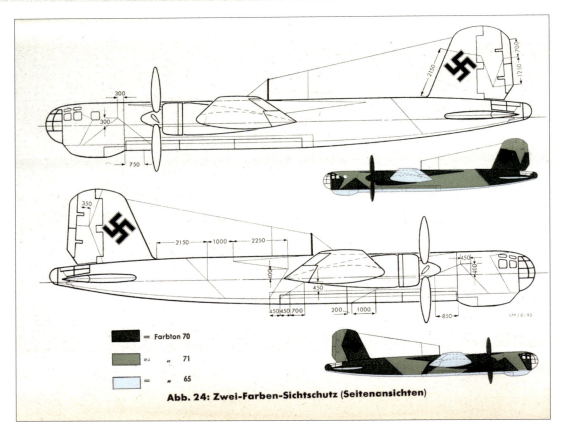

= Farbton 70
= 〃 71
= 〃 65

Abb. 24: Zwei-Farben-Sichtschutz (Seitenansichten)

旋回銃架つきの MG81Z 機関銃■下■

『アラド196A-5飛行マニュアル』からとったこの図版は、旋回銃架に載せられたMG81機関銃を描いている。MG81はドイツ軍が連装銃架に載せたはじめての航空機用機関銃である。発射速度は毎分1200発から1500発だった（訳注：ZはZweillingの頭文字で連装を意味する）。

He177 の二色迷彩塗装図■前頁■

これらのイラストレーションはHe177にほどこされるひじょうに正確な迷彩パターンをしめしている。

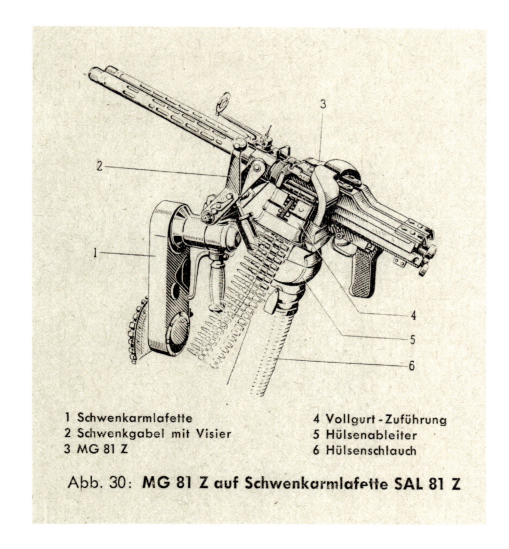

1 Schwenkarmlafette
2 Schwenkgabel mit Visier
3 MG 81 Z
4 Vollgurt - Zuführung
5 Hülsenableiter
6 Hülsenschlauch

Abb. 30: MG 81 Z auf Schwenkarmlafette SAL 81 Z

Vergleichstafel 7
Besondere Merkmale

Maßstab 1:300

Flugzeuge – (See)
Flugboote

Cant Z 501 1	BV 138 4	BV 222 7
Lerwick 2	Do 24 5	Do 18 8
Catalina ...... 3 (Consolidated)	Sunderland ... 6	Do 26 9

航空機識別課 第3部比較図
水上機／飛行艇

どこの国でも航空部隊は航空機識別帳を製作していた。このドイツの例は、両陣営が使用した数多くのさまざまな飛行艇を取り上げている。

ドイツ

L. Dv. 925/3
Tafel 7

Der Flugzeugerkennungsdienst
Teil 3
Vergleichstafeln / Tafel 7

Flugzeuge – (See)
Flugboote

März 1942

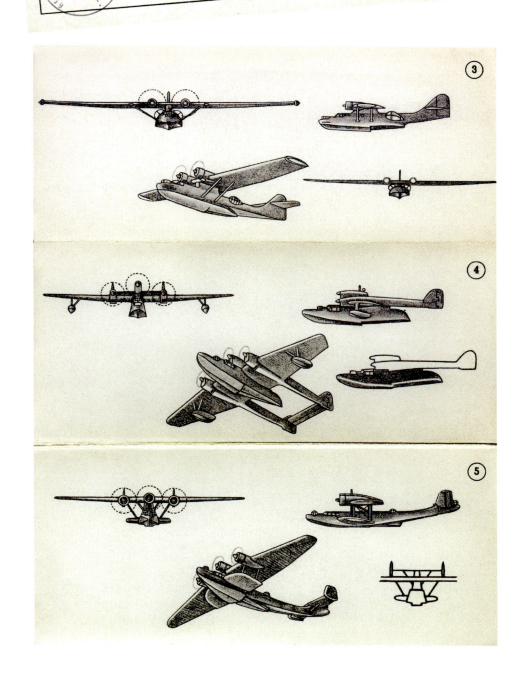

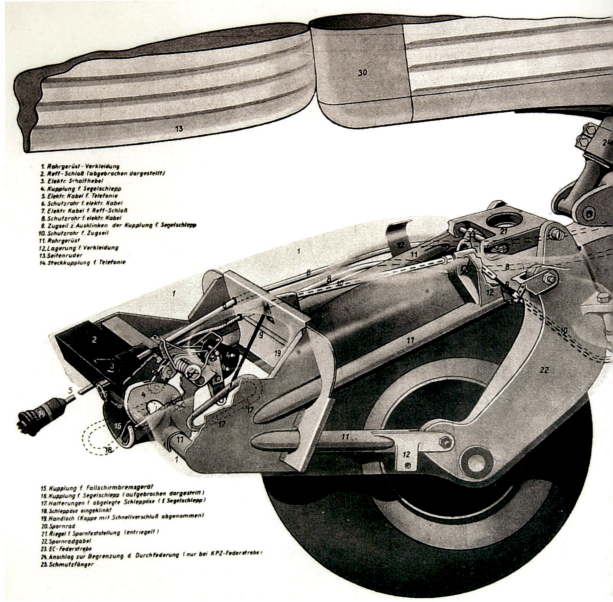

1. Rohrgerüst - Verkleidung
2. Reff-Schloß (abgebrochen dargestellt)
3. Elektr. Schalthebel
4. Kupplung f. Segelschlepp
5. Elektr. Kabel f. Telefonie
6. Schutzrohr f. elektr. Kabel
7. Elektr. Kabel f. Reff-Schloß
8. Schutzrohr f. elektr. Kabel
9. Zugseil z. Ausklinken der Kupplung f. Segelschlepp
10. Schutzrohr f. Zugseil
11. Rohrgerüst
12. Lagerung f. Verkleidung
13. Seitenruder
14. Steckkupplung f. Telefonie
15. Kupplung f. Fallschirmbremsgerät
16. Kupplung f. Segelschlepp (aufgebrochen dargestellt)
17. Halterungen f. abgelegte Schleppöse (f. Segelschlepp)
18. Schleppöse eingeklinkt
19. Handloch (Kappe mit Schnellverschluß abgenommen)
20. Spornrad
21. Riegel f. Spornfeststellung (entriegelt)
22. Spornradgabel
23. EC-Federstrebe
24. Anschlag zur Begrenzung d. Durchfederung (nur bei KPZ-Federstrebe)
25. Schmutzfänger

Ju52 の尾輪部

Ju52の初期の型は尾橇を持っていたが、Ju52が通常遭遇する劣悪な飛行場の状態のせいで、じきに尾輪が取り入れられた。おかげで地上での操作性は大幅に改善された。

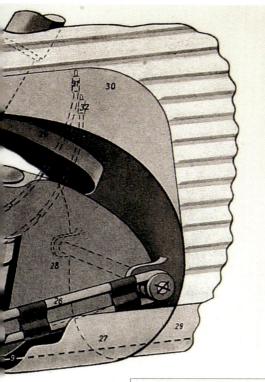

26. Gummizüge
27. Abgleitblech
28. Federbeinhebel
29. Natsporn
30. Rumpfendkappe
31. Stecker
32. Stecker
33. Öffnung f. Spornlenkstange

ノーム・ローン 14M エンジン ■下■

このフランス製のノーム・ローン14エンジンの繊細なスケッチはHs129機のマニュアルに掲載されている。ノーム・ローンはアルグス410エンジンが信頼性に欠け、期待された馬力を出せなかったために、Hs129のエンジンとして選ばれた。多数の700馬力(522キロワット)ノーム・ローン・エンジンが入手可能だったために、できるだけ早くHs129を改修して、このもっと大型で強力な星型エンジンを利用することが決定された。

Abb. 2: Flugmotor Gnôme-Rhône 14 M

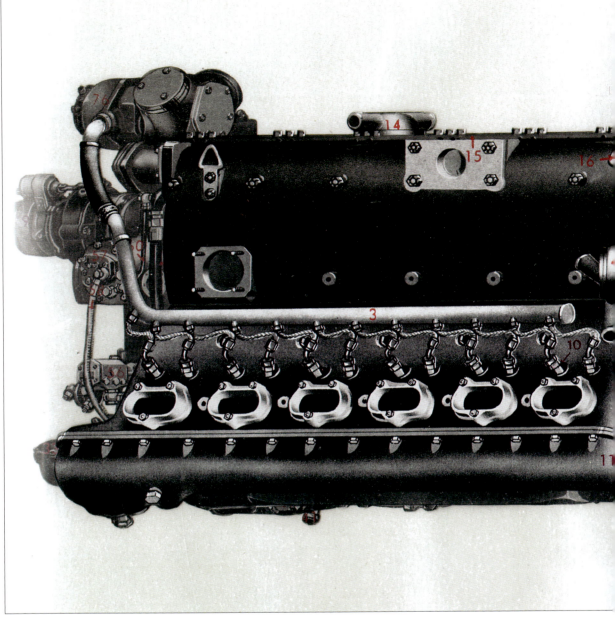

DB601E 透視図

これはDB601エンジンの透視図の1ページ目である。ページをめくるにつれて、DB601エンジンの内部構造があきらかになっていくようになっている。DB601はBf109単座戦闘機や双発のMe110、Me210、Me410の動力となった。驚くほどすっきりと整頓された設計で、精密工学のみごとな一例だった。DB601は離陸のため加速するとき独特のカタカタという音をたてるので、パイロットはこれを「トール神の鉄床」と称した。

ユモ211 エンジンの横断面図

ユモ211は12気筒の倒立V型液冷エンジンで、直接燃料噴射装置と二速過給器をそなえていた。B-1型エンジンは定格1200馬力で、Ju88とHe111双発爆撃機、そして単発のJu87シュトゥーカ急降下爆撃機に搭載された。

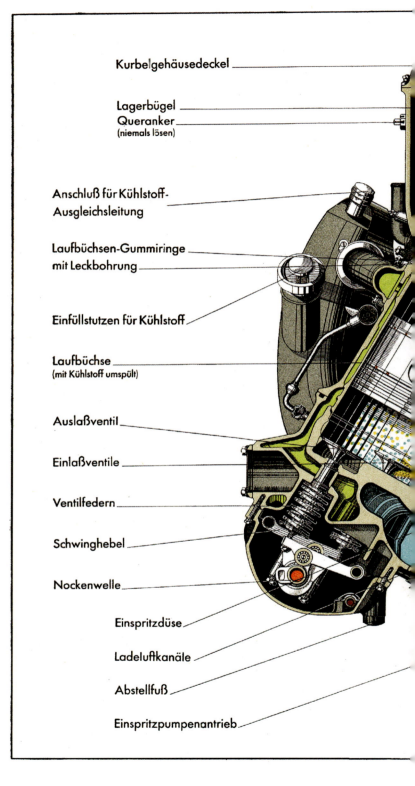

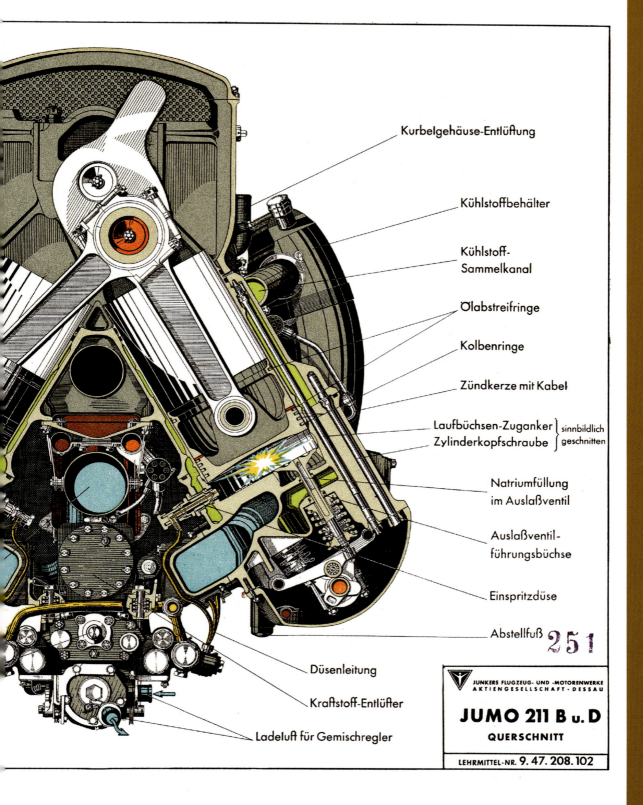

ユモ211の歯車装置 ■右■

第二次世界大戦の航空機用エンジンは、飛行にじゅうぶんな動力を提供するだけでなく、電力や油圧、さらにポンプと過給器を駆動する直接のエネルギーを提供しなければならなかった。この略図はユモ211エンジンについている多くのギヤやクラッチ装置をしめしている。

Ju88の防火壁 ■下■

ユモ211エンジンをJu88の主翼からはずすと、見えるのがこれである。防火壁はエンジン区画を主翼構造のほかの部分から分離する耐火性の横隔壁である。

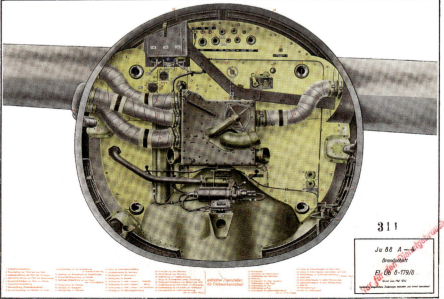

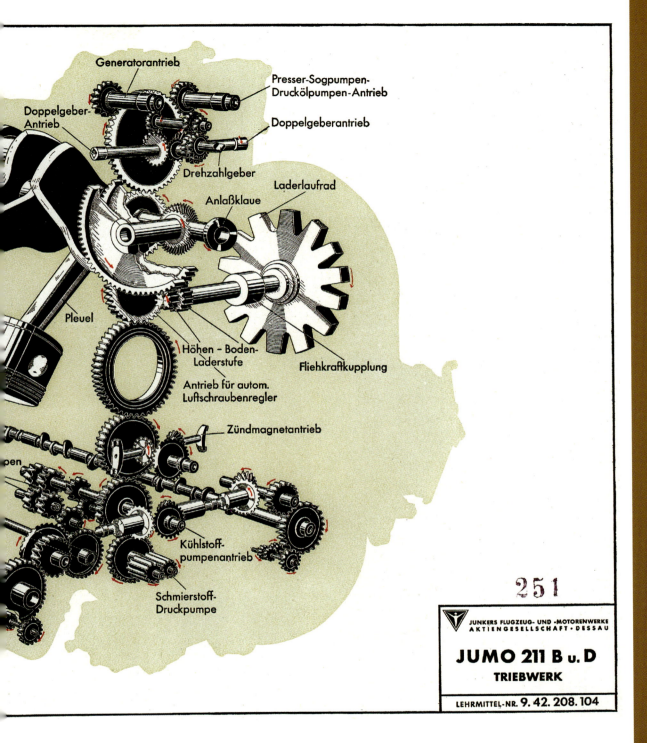

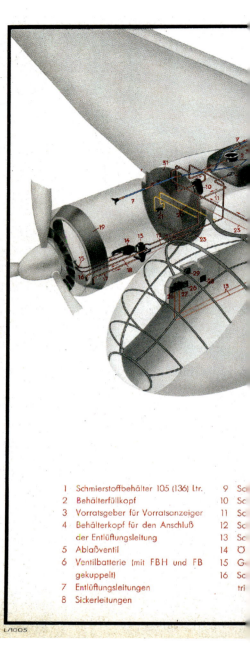

1 Schmierstoffbehälter 105 (136) Ltr.
2 Behälterfüllkopf
3 Vorratsgeber für Vorratsanzeiger
4 Behälterkopf für den Anschluß der Entlüftungsleitung
5 Ablaßventil
6 Ventilbatterie (mit FBH und FB gekuppelt)
7 Entlüftungsleitungen
8 Sickerleitungen

9 Sc
10 Sc
11 Sc
12 Sc
13 Sc
14 Ö
15 G
16 Sc
tri

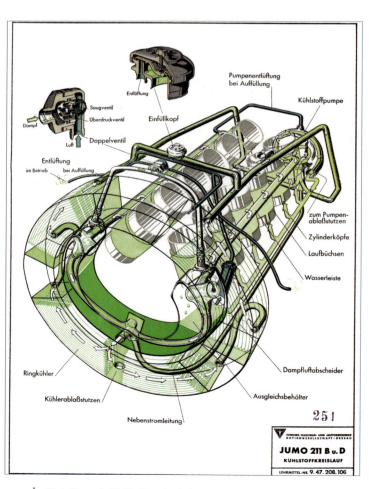

JUMO 211 B u. D
KÜHLSTOFFKREISLAUF

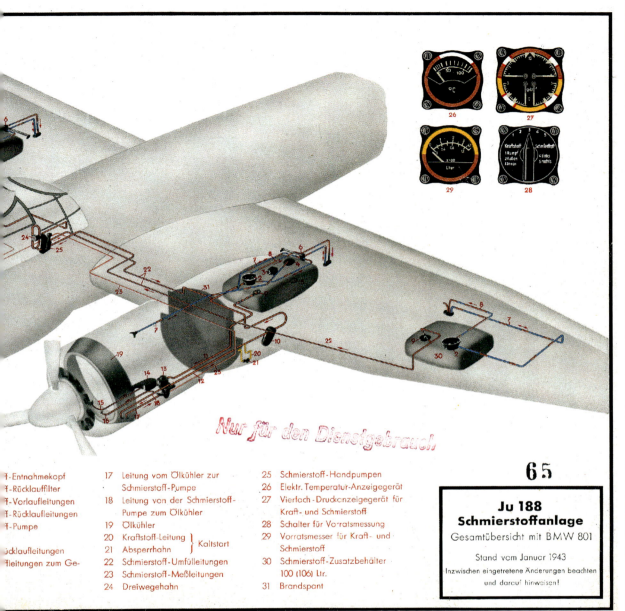

65

Ju 188 Schmierstoffanlage
Gesamtübersicht mit BMW 801
Stand vom Januar 1943
Inzwischen eingetretene Änderungen beachten und darauf hinweisen!

JFM-Lehrmittelabteilung, LM-Nr. 3046

- Entnahmekopf
- Rücklauffilter
- Vorlaufleitungen
- Rücklaufleitungen
- Pumpe
- cklaufleitungen
- leitungen zum Ge-
17 Leitung vom Ölkühler zur Schmierstoff-Pumpe
18 Leitung von der Schmierstoff-Pumpe zum Ölkühler
19 Ölkühler
20 Kraftstoff-Leitung ⎫ Kaltstart
21 Absperrhahn ⎭
22 Schmierstoff-Umfülleitungen
23 Schmierstoff-Meßleitungen
24 Dreiwegehahn
25 Schmierstoff-Handpumpen
26 Elektr. Temperatur-Anzeigegerät
27 Vierfach-Druckanzeigegerät für Kraft- und Schmierstoff
28 Schalter für Vorratsmessung
29 Vorratsmesser für Kraft- und Schmierstoff
30 Schmierstoff-Zusatzbehälter 100 (106) Ltr.
31 Brandspant

ユモ 211 の冷却液の循環 ■前頁■

Ju88に搭載された場合、液冷のユモ211は大きな空冷エンジンに見える。これはエンジン前面に取りつけられた環状のエンジンと潤滑油のラジエーターのせいだ。空気の流れは星型エンジンと同様、冷却襞で制御される。この断面図では、典型的な液冷エンジンに不可欠な配管系統がわかる。

Ju188 の潤滑油系統
BMW801 エンジン搭載 ■上■

Ju188にはユモ213液冷エンジンとBMW801星型空冷エンジンの両方が搭載された。この略図はBMW801エンジンに必要な潤滑油タンクと供給系統をしめしている。

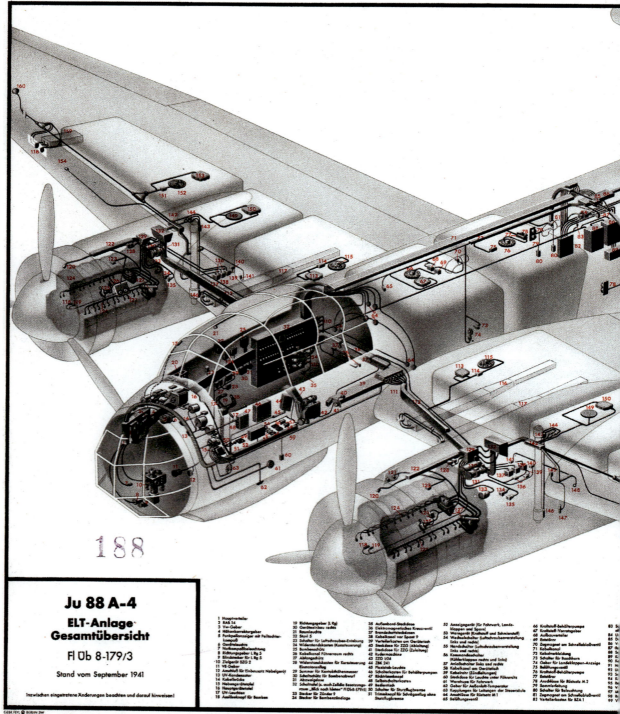

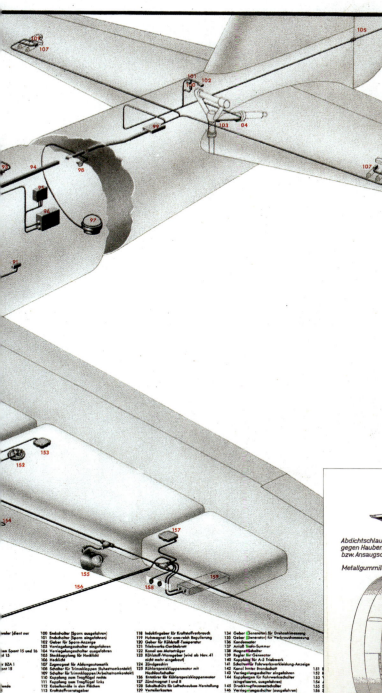

Ju88A-4 の電気装備系統 ■左■

一般的にいって、ドイツ空軍の航空電気系統は連合軍のものよりはるかにすぐれていた。戦争後半には、連合軍もかなりの進歩を見せ、ドイツ軍と同等かそれ以上の電気系統を製造していた。

BMW323 星型エンジン ■下■

Fw200コンドルはBMW323R-2ファーフニル星型レシプロ・エンジン4基を搭載していた。Fw200C型の『交換部品リスト・マニュアル』からとったこの略図では、アクセス・パネルが開いて、エンジン自体に簡単に手を伸ばせるようになっているのがわかる。

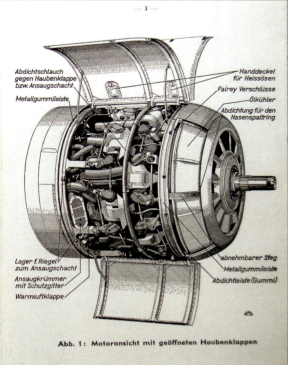

Abb. 1: Motoransicht mit geöffneten Haubenklappen

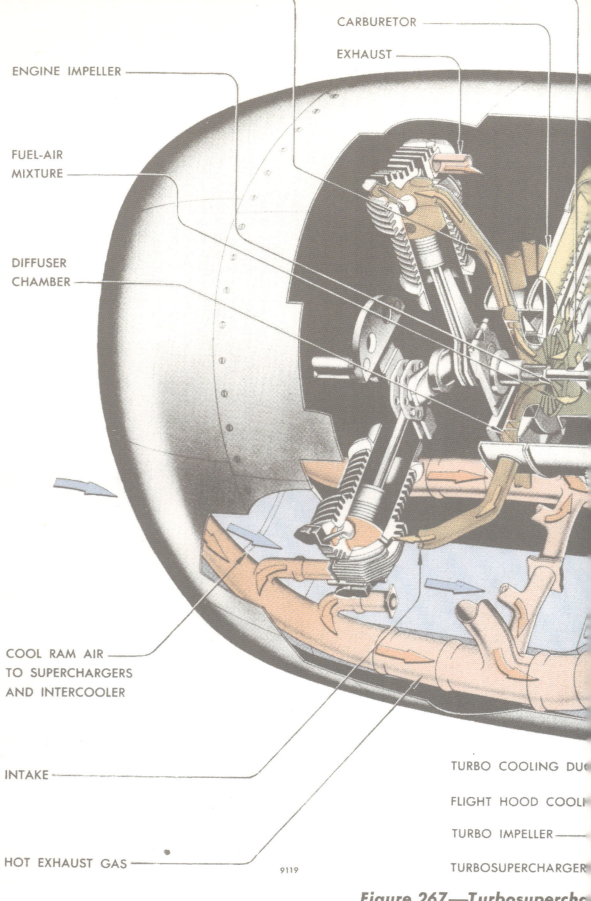

Figure 267—Turbosupercha

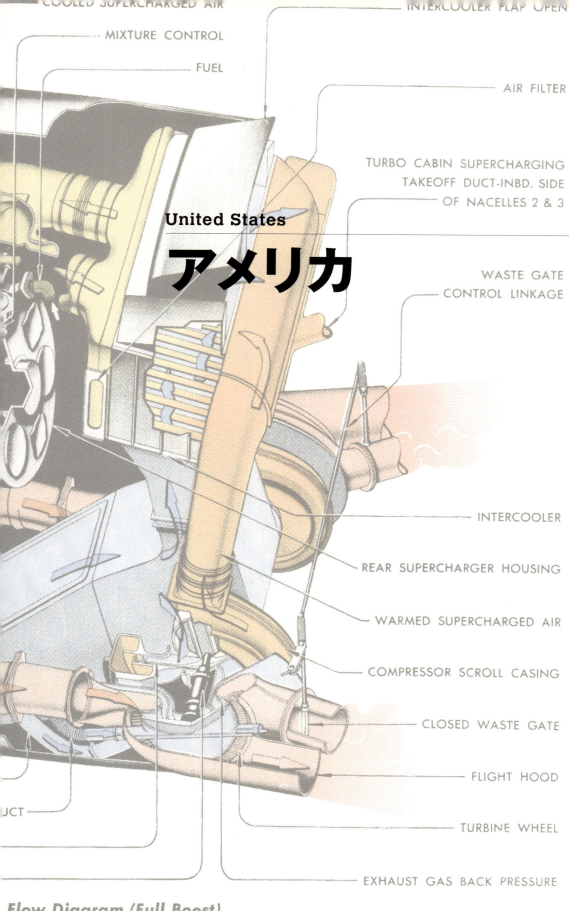

United States
アメリカ

Flow Diagram (Full Boost)

B-17F の慣熟および点検マニュアル

このページとつぎのページの労を惜しまずに描きこまれた断面図は、第二次世界大戦中のイラストレーターが製作した最高の作品である。画家の名前はわかっていないが、彼の作品は賞賛に値する。これらのイラストレーションは前部の武装と操縦室に焦点を当て、新しい搭乗員にB-17の構造やさまざまな装置を習熟させるために使われる。

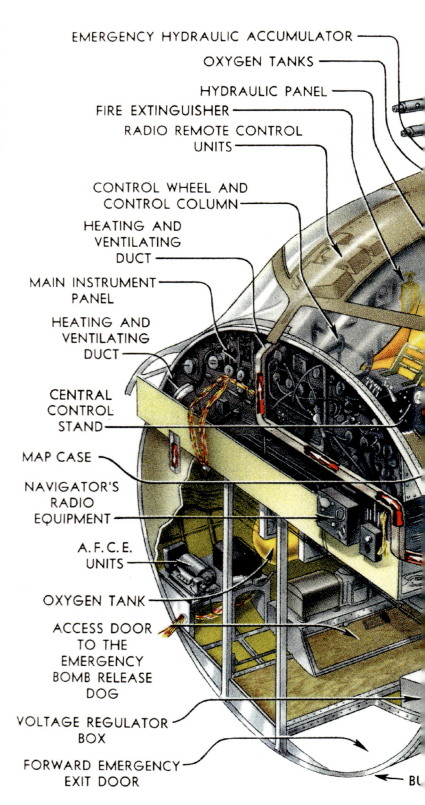

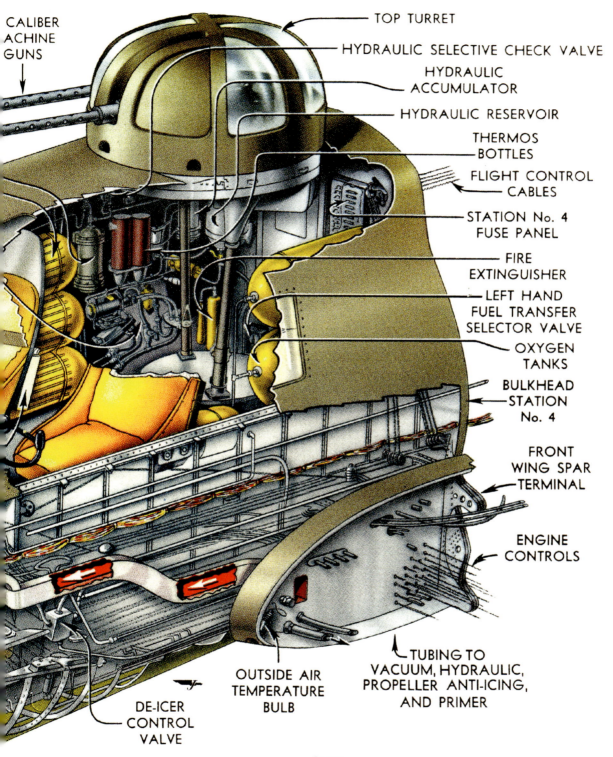

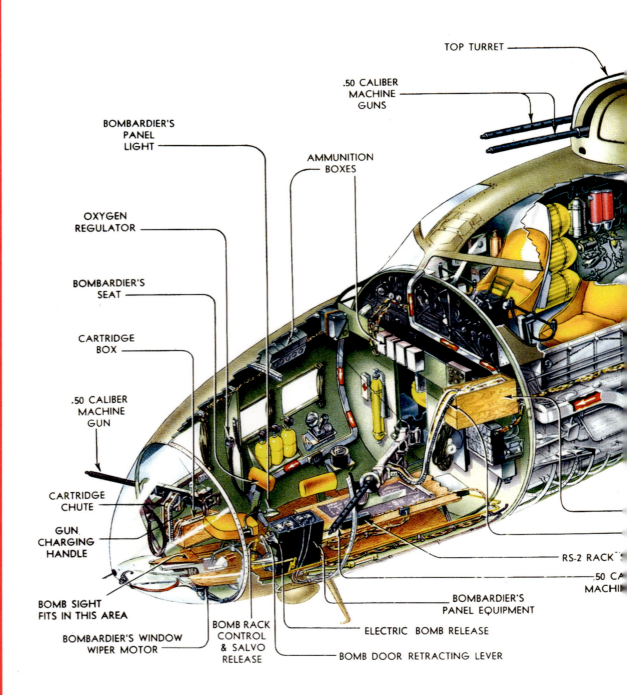

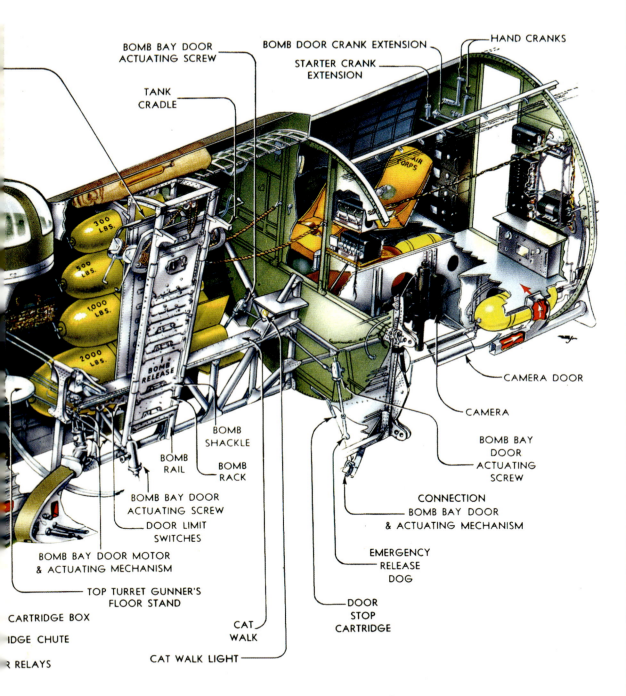

B-17F
ARMAMENT
FORWARD COMPARTMENTS

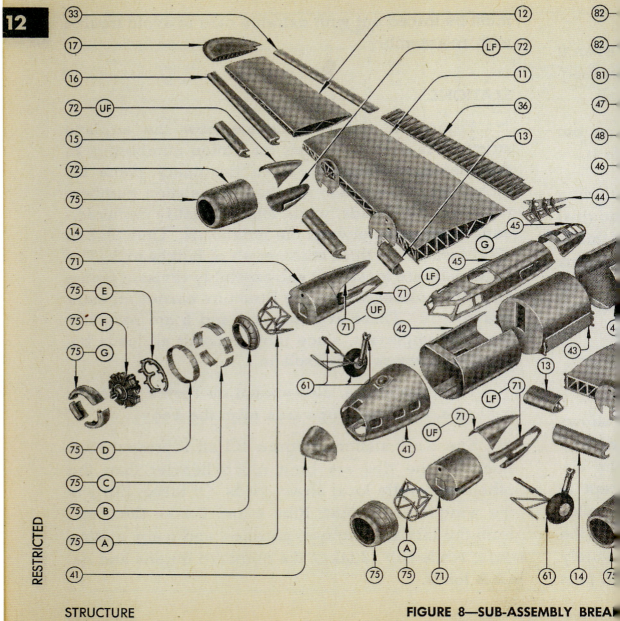

B-17 の各ユニットの分解図 ■上■

第二次世界大戦中、B-17は無数の改修を行なったが、基本設計はけっして変わらなかった。たとえば主翼はどの型もまったく同じだった。最大の変更は尾部銃手席をもうけるために胴体を延長したことである。そのために特徴のある大きなドーサル・フィンが設計され、機体後部が強化されただけでなく、安定性も増すことになった。

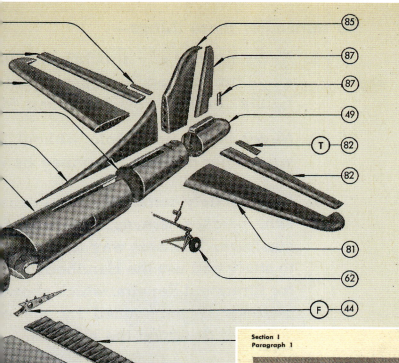

B-17 と B-29、B-24 の比較
■下■

アメリカ軍の主要な戦略爆撃機3機。B-17とB-24と比較すると、B-29は倍の重量があり、離昇馬力も倍近かった。その航続距離と爆弾搭載能力は、同機を真の戦略爆撃機にした。

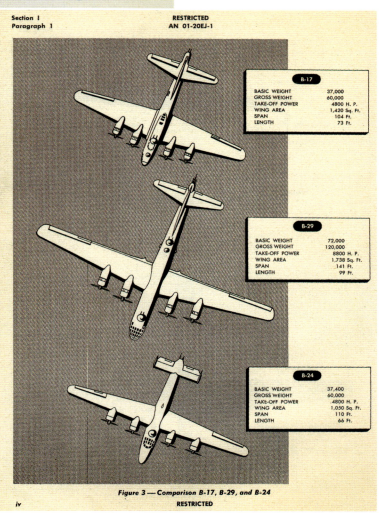

Figure 3 — Comparison B-17, B-29, and B-24

INDEX

1. Bomb Sight
2. Bomb Release Quadrant
3. Nose Gun — .50 Cal.
4. Bombardier-Navigator's Seat
5. Heater & Defroster
6. Flying Suit Heater Plug
7. Compass, Magnetic
8. Drawing Board
9. Alarm Bell
10. Pitot Tube
11. Navigator's Dome
12. Navigator's Radio Compass Ind.
13. Map Case
14. Confidential Locker
15. Navigator's Table
16. Parachute Stowage
17. Ammunition Stowage
18. Automatic Flight Control
19. Nose Wheel Doors
20. Nose Wheel
21. Pilot's Rudder and Brake Controls
22. Pilot's Pedestal
23. Pilot's Seat
24. Pilot's Control Column
25. Instrument Panel
26. Co-Pilot's Sun Visor
27. Feathering Controls
28. Hydraulic Accumulator
29. Batteries
30. Anti-icer Fluid Tank

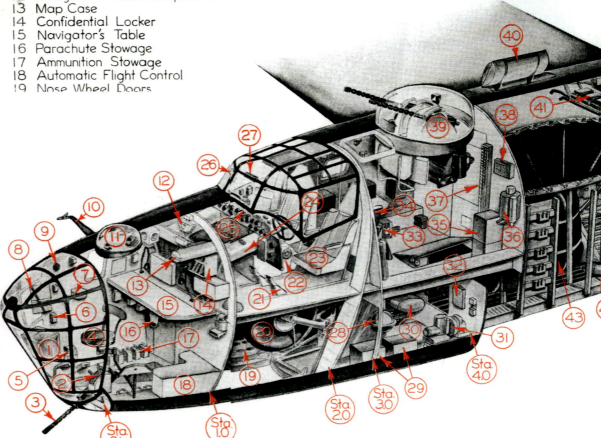

B-24D の胴体断面図

D型は、最初に量産に入ったB-24リベレーター爆撃機の型式だった。この断面図は、腹部銃座に機関銃が1挺だけの初期型をしめしている。のちの型では、引き込み式の球形銃塔が装備された。D型は2722機が製造された。

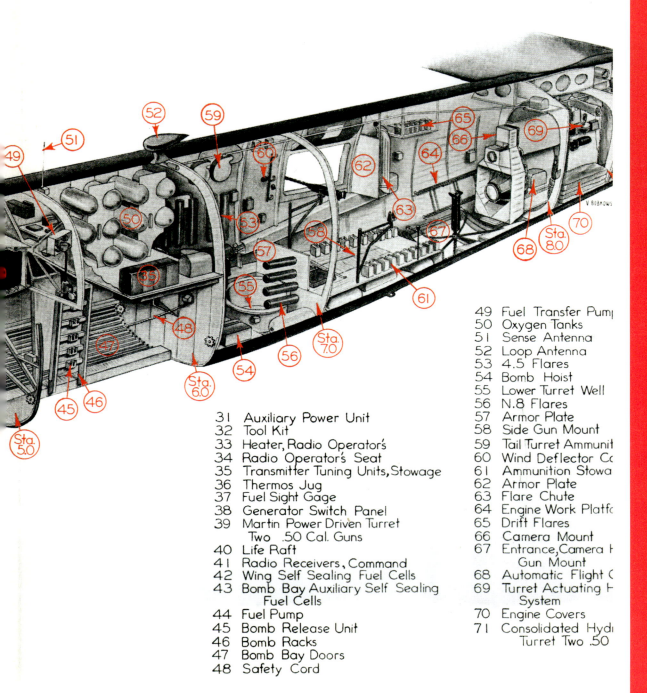

31 Auxiliary Power Unit
32 Tool Kit
33 Heater, Radio Operator's
34 Radio Operator's Seat
35 Transmitter Tuning Units, Stowage
36 Thermos Jug
37 Fuel Sight Gage
38 Generator Switch Panel
39 Martin Power Driven Turret Two .50 Cal. Guns
40 Life Raft
41 Radio Receivers, Command
42 Wing Self Sealing Fuel Cells
43 Bomb Bay Auxiliary Self Sealing Fuel Cells
44 Fuel Pump
45 Bomb Release Unit
46 Bomb Racks
47 Bomb Bay Doors
48 Safety Cord
49 Fuel Transfer Pump
50 Oxygen Tanks
51 Sense Antenna
52 Loop Antenna
53 4.5 Flares
54 Bomb Hoist
55 Lower Turret Well
56 N.8 Flares
57 Armor Plate
58 Side Gun Mount
59 Tail Turret Ammunit
60 Wind Deflector Co
61 Ammunition Stowa
62 Armor Plate
63 Flare Chute
64 Engine Work Platfo
65 Drift Flares
66 Camera Mount
67 Entrance, Camera Gun Mount
68 Automatic Flight
69 Turret Actuating System
70 Engine Covers
71 Consolidated Hyd Turret Two .50

フォード B-24 の分解図 ■右■

フォードB-24の部品分解図。戦時中、デトロイト近郊のウィロウ・ランにあるフォード工場は、毎月なんと200機ものB-24と、ほかの組み立てライン向けの部品150組を製造した。

B-29 の主要部品の分解図 ■下■

真珠湾攻撃のすぐあと、B-29の大量生産計画がまとめられた。アメリカ全土に巨大な工場が建設され、主要部分は60カ所以上の新工場で製造された。P-47サンダーボルト戦闘機と同じぐらい大きなエンジン・ナセルはクリーヴランドの新工場で製造され、最終組み立ては世界最大の建物3つで行なわれた——マリエッタのベル社、オマハのマーティン社、そしてウィチタのボーイング社で。のちに第4の組み立てラインがボーイングによってレントンに建設された。

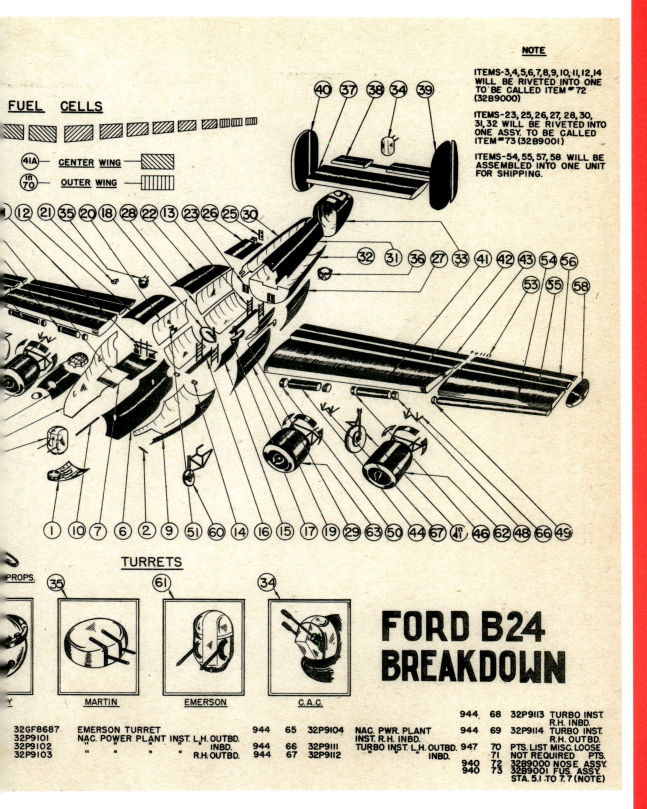

武装と射界

この本はアメリカ陸軍航空軍の資材センター実験技術課によって作製された。さまざまなドイツ軍用機の図と、防御火網の範囲をしめす三面図がふくまれている。

RESTRICTED

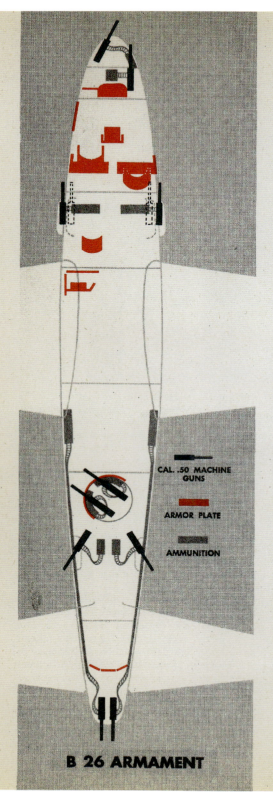

B 26 ARMAMENT

CAL. .50 MACHINE GUNS

ARMOR PLATE

AMMUNITION

GUNNERY

Gunnery missions are acid tests of your ability as an airplane commander. No other single type of mission places such a high demand on your ability to coordinate and control your crew, nor so closely approximates the problems you meet on every combat mission. **Your objective on gunnery missions is maximum training with maximum safety.**

Preparation

You, as airplane commander, are responsible for seeing your entire crew is briefed and that the members understand each gunnery mission. All members of your crew must be present and must give their undivided attention to the brief as it is delivered.

Gunnery mission briefs cover all normal items, such as target regulations, route to be flown, weather, etc., and particular emphasis is placed on fire control instructions.

Supervision

Your ship's gunnery officer is usually your bombardier-navigator. He is assisted by your armorer-gunner. In addition, on all gunnery practice missions, you carry a gunnery instructor who also assists your bombardier-navigator. This team is responsible to you for the safe and efficient conduct of all details of a gunnery mission. They supervise the installation, adjustment and loading of all guns. They act as trouble-shooters and advisers during flight. They supervise the proper clearing and stowing of all guns after firing is completed before leaving the target area. They supervise the dismounting, return, repair, and cleaning of all guns. They see that all brass and unexpended ammunition is returned to the armament section,

RESTRICTED

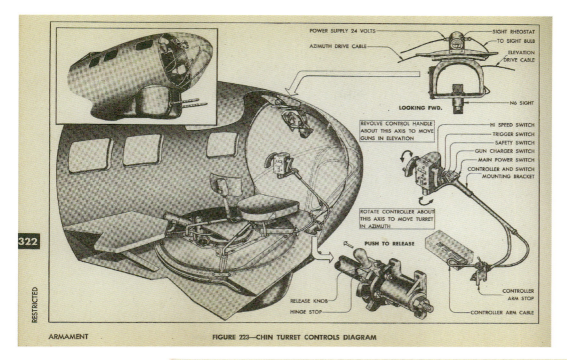

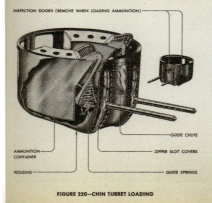

B-26 の武装 ■前頁■

B-26は大戦でもっとも重武装の中型爆撃機だった。この略図では、B-17G重爆撃機と同数の12梃の50口径機関銃がわかる。

B-17 機首下部銃塔の操作装置 ■上■

ベンディックス機首下部銃塔（チン・ターレット）はB-17に搭載された唯一の遠隔操作式銃塔だった。機体でいちばんむき出しの部分にある席に座って、機関銃を操作するのは、爆撃手の仕事だった。攻撃を仕掛ける敵パイロットには、エンジンと目の前の防弾前面風防に守られているという贅沢があった。前方機関銃を受け持つ爆撃手にとって、唯一の希望は、自分の射撃が敵より正確であることだった。

ベンディックス銃塔はアメリカの工学技術と設計をもっともよくしめす例のひとつだった。ベンディックス社は、爆撃手の仕事をじゃますることなくB-17の前部に取りつけられる銃塔の製造をもとめられた。わずか数カ月で、ベンディックス社は動力式連装銃塔のプロトタイプを完成させた。

B-17 機首下部銃塔の給弾機構 ■下■

「B-17はどうやら水平または上方からの正面攻撃にとりわけ無防備であるようだ。おそらくは、機首下部銃塔が水平から26度より上を射撃できず、上部銃塔が5度より下に俯角を掛けられないことを反映している」（『損失および損害から爆撃機を守るために採られた防御手段の評価』1944年11月）

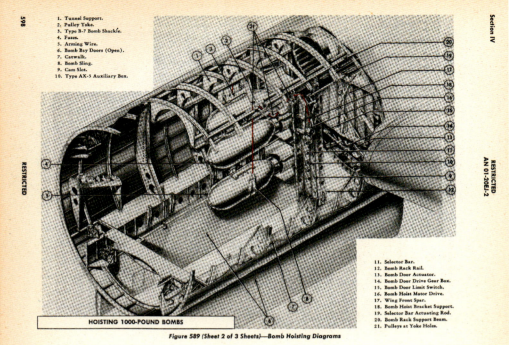

Figure 589 (Sheet 2 of 3 Sheets)—Bomb Hoisting Diagrams

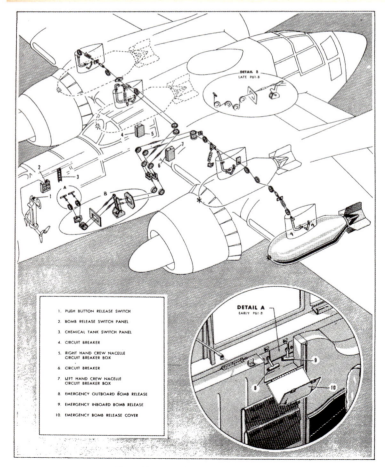

Figure 66 – External Armament Control System

外部搭載武装管制装置■左■

P-61ブラックウィドウ夜間戦闘機のB型は、落下タンクあるいは爆弾を懸吊できる翼下パイロンを4基装備していた。1944年中期にP-61がヨーロッパで実戦配備されるころには、夜空をうろつくドイツ軍機の数はごくわずかになっていた。そのため新型のP-61はじきに夜間侵入任務に使われて、敵の鉄道車輛や固定陣地を攻撃するようになった。しかし、太平洋戦線はP-61により多くの活躍の場をあたえた。そこで同機は日本軍の爆撃機と戦闘機を相手にすばらしい戦果を上げた。

1000ポンド爆弾の吊り上げ ■前頁■

B-29はふたつの巨大な爆弾倉をそなえていた。長く背の高い爆弾倉には、爆弾を搭載するために自前の爆弾吊り上げウインチがあった。B-29は機体内に最大2万ポンド（9075キロ）を搭載できた。

諸君らへのメッセージ──
『B-29 機銃手情報ファイル・マニュアル』より ■下■

この挿絵は、ロッキードP-38ライトニングと編隊を組むB-29を描いている。このふたつの機種がいっしょに作戦を行なったことはない。P-38は長距離戦闘機だったが、B-29の護衛戦闘機として使われることはなかった。その任には単発のP-51マスタングがあたった。

A MESSAGE FOR YOU

This Information File is *your* book and is designed to aid you in becoming better acquainted with the CENTRAL-STATION FIRE-CONTROL SYSTEM on the B-29 Bomber. It will aid in qualifying you to assist the C. F. C. specialists perform their ground maintenance and check duties on the System and its armament. Furthermore, it will enable you to determine whether the required armament, maintenance and ordnance inspections have been met by the personnel assigned to do that work.

You will find check lists and procedures in the text, which you may follow to assure yourself that everything in the CENTRAL-STATION FIRE-CONTROL SYSTEM is in perfect operating condition before you go into combat. In addition, there are lots of tips and suggestions which are important to your job as a gunner, so use them and here's luck.

Know Your Equipment and How to Use It

Remember, "The Pilot takes the plane up, but, the Gunner keeps it up."

RESTRICTED

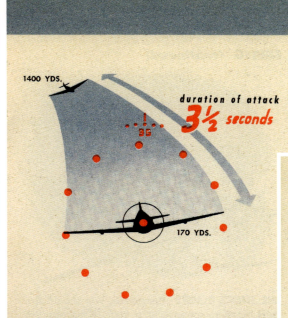

ON NOSE ATTACKS open fire at longer range b[ecause] of the extremely high relative speed betwee[n] your bomber and the fighter. Fire to kill at 1,4[00] yards. You will have to be plenty sharp on thes[e] attacks because in some cases the relative spee[d] will be as high as 1,000 feet per second. Th[is] means that the duration of the attack will on[ly] be approximately 3½ seconds. *Brother, think th[is] over!*

RESTRICTED　　　　　　　　　　　　　　GIF 5-

INCREASED RANGE

Fire range is increased to a point where your fire power is effective beyond the limits of most fighters. This means, you can get him before he gets you, which means you get the break.

GIF 1-4　　　　　　　　　　　　　　RESTRICTED

正面攻撃

連合軍爆撃機にたいするドイツ軍と日本軍の正面攻撃は、四発爆撃機を撃墜するのにもっとも効果的だがむずかしい手段だった。接近する速度があまりにも速いため、攻撃する戦闘機には近い距離で射撃する時間が2秒か3秒しかなかったからだ。防御する機銃手はずっと遠い距離で火蓋を切ることができたが、やはり命中を記録するには数秒間しかなかった。

増大する射程

B-29の武装は、4基の遠隔操作式銃塔と機銃手がつく1基の尾部銃塔の50口径（12.7ミリ）機関銃12挺で構成されていた。機関銃を最大限効果的に活用するのが機銃手の責任だった。敵戦闘機が早めに、あるいは射撃するチャンスを得る前に、攻撃を断念させるのは、敵機を撃墜するのと変わらなかった。いつ機関銃を発射すればいいかを知っていることは、きわめて重要な要素だった。

B-29の主火器管制系統と副火器管制系統

B-29は革命的な火器管制システムを持っていた。システムはアナログ計算機を使って、中央（上部）銃手が2基の上部銃塔を動かし、左と右の機銃手が後方下部銃塔を操作して、爆撃手が前方下部銃塔を受け持ち、尾部銃手は（自分専用の与圧室のなかで）後部銃塔を操作するように構成されていた。このシステムの非凡なところは、必要な場合には銃手がシステムに優先して、ほかの銃塔の管制を引き受けられることだった。

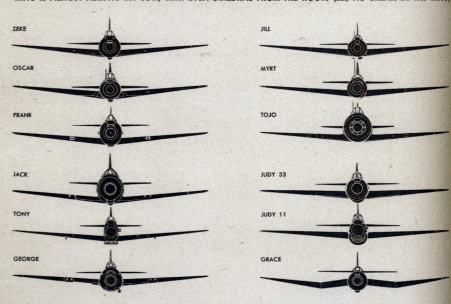
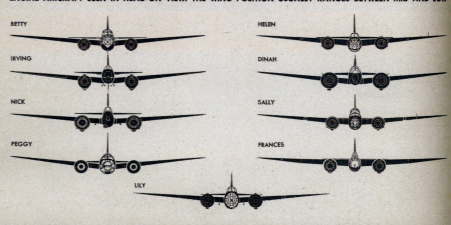

『アメリカ陸海軍識別ジャーナル』

『アメリカ陸海軍識別ジャーナル』は、『イギリス航空機識別ジャーナル』と同様のものだった。毎月発行され、航空機だけでなく、艦船や装甲車輛もあつかっていた。これは太平洋で戦ったさまざまな戦闘機と爆撃機の正面の比較図である。

SINGLE ENGINE U.S.

IN CONTRAST TO THEIR JAPANESE COUNTERPARTS, MOST U. S. SINGLE-ENGINE PLANES ARE MORE MID-WING THAN LOW. A PROMINENT WING BREAK IS ALSO CHARACTERISTIC OF MOST U. S. CARRIER-BASED TYPES

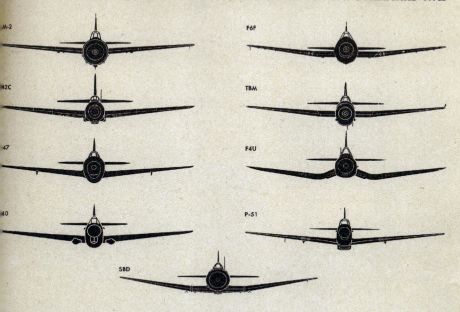

TWIN ENGINE U.S.

EITHER TWIN FINS AND RUDDERS OR A DIHEDRAL TAILPLANE ARE CHARACTERISTIC OF ALL U. S. TWIN-ENGINE BOMBERS AND FIGHTERS EXCEPT THE NEW F7F TIGERCAT. HIGH (SHOULDER) OR MID-WING PREDOMINATES

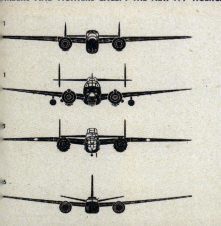
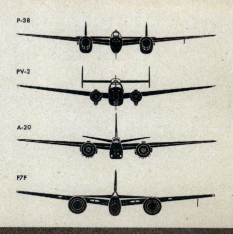

POINTS OUT GENERAL DIFFERENCES IN U. S. AND JAPANESE COMBAT AIRCRAFT SEEN HEAD-ON. IT WILL BE FOLLOWED IN LATER ISSUES BY DIAGRAMS ILLUSTRATING CONTRASTS IN BEAM AND PLAN VIEWS. THE CHARTS ARE A DETAILED FOLLOW-UP TO THE OUTLINE OF NATIONAL DESIGN STYLES THAT APPEARED IN THE MARCH JOURNAL.

RESTRICTED

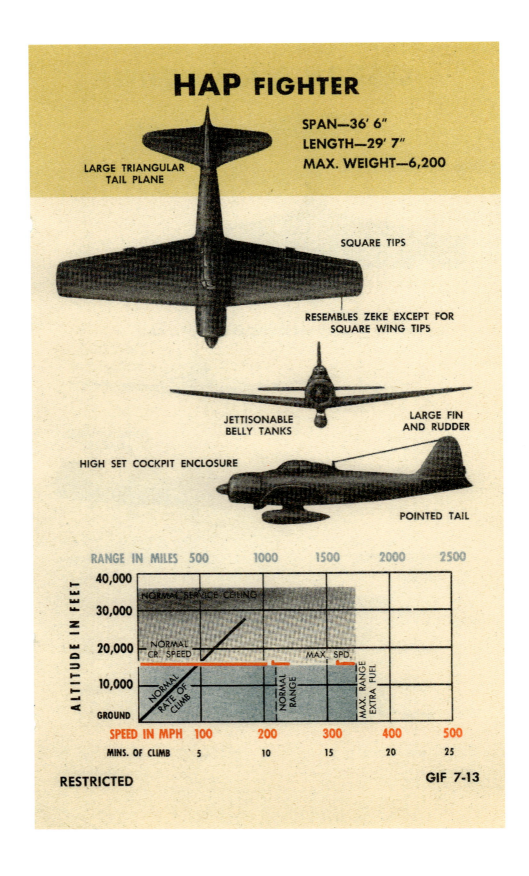

『B-29 機銃手情報ファイル』の航空機概要

『B-29機銃手情報ファイル』には、いくつかの敵機の識別概要がふくまれている。B-29はヨーロッパでは実戦に使われなかったが、このマニュアルには日本軍機（2機種）よりも多くのドイツ軍機（6機種）の概要が載っている（訳注：前ページは連合軍から「ハップ」または「ハンプ」のコード名をつけられた零戦32型。下図は「オスカー・マーク1」のコード名をつけられた隼1型）。

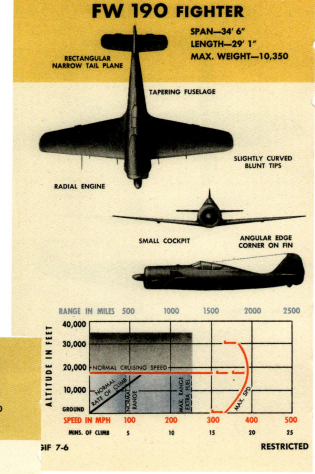

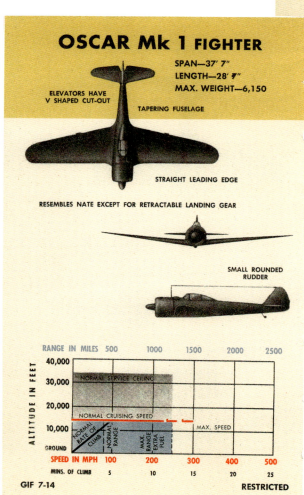

『B-29機銃手情報ファイル』が発行されたころには、識別の部で取り上げられたドイツ軍戦闘機は失敗作（Me210）とわかるか、意図されたのとはべつの任務（Me110は夜間戦闘機に）についていたか、より新しい連合軍戦闘機にくらべていまひとつの性能（Me109G）と見なされていた。

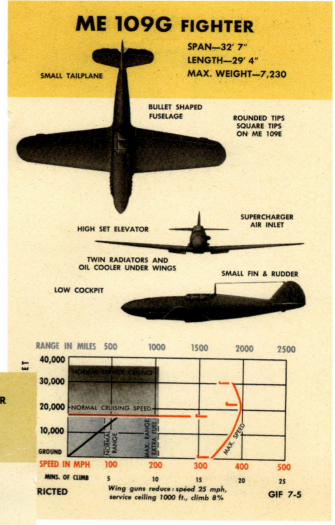

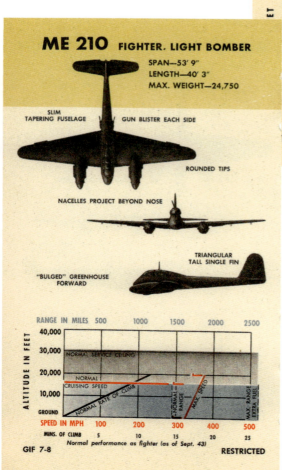

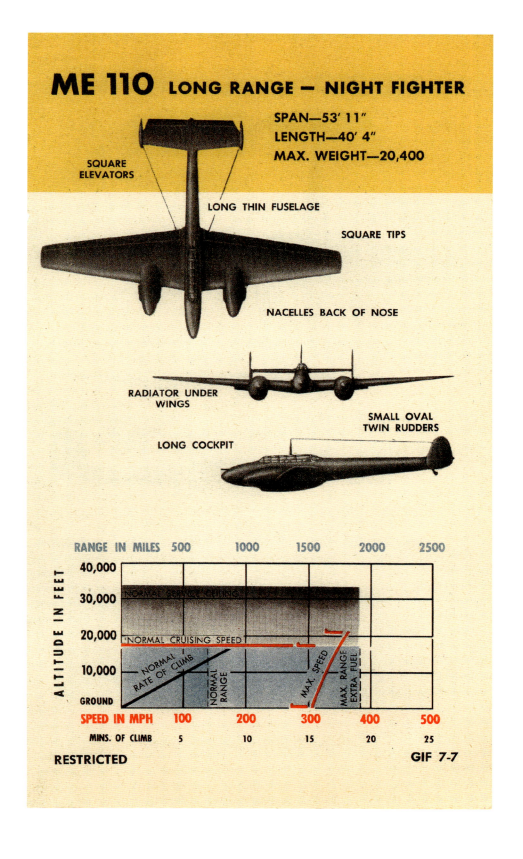

WEFT が航空機識別の手順だ

WEFT──ウィング（主翼）・エンジン・フューセラージ（胴体）・テール（尾部）──は、地上要員と海軍将兵が連合軍と敵の航空機をすばやく識別するのを助けるために考案された。この方式は、地上の要員にはうまくいったかもしれないが、空中のパイロットにとって、地上の敵部隊を識別するのは、運まかせがせいぜいのところだった。連合軍がチュニジアで戦ったさいには、地上部隊が味方の飛行機に攻撃されることもめずらしくなかった。連合軍の搭乗員のほうも、定期的に味方の部隊から撃たれたため、WEFTとは「毎度毎度まちがえる（ローング・エヴリ・ファッキング・タイム）」という意味だといったほどだった。

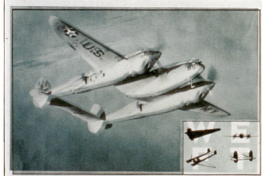
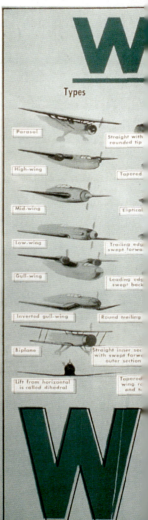

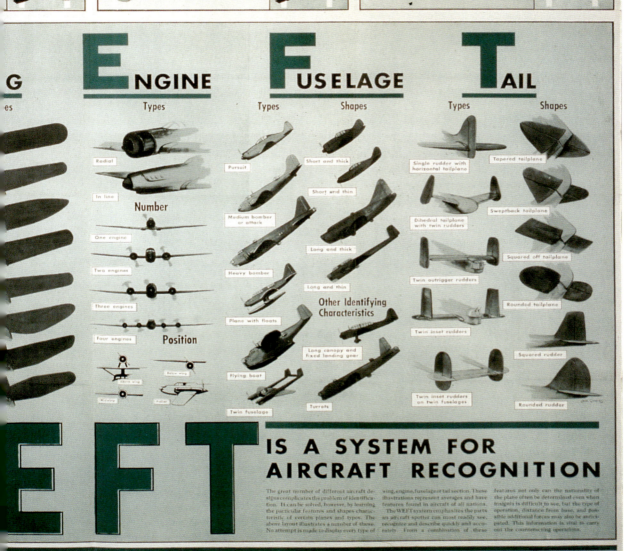

WEFT IS A SYSTEM FOR AIRCRAFT RECOGNITION

The great number of different aircraft designs complicates the problem of identification. It can be solved, however, by learning the particular features and shapes characteristic of certain planes and types. The above layout illustrates a number of these. No attempt is made to display every type of wing, engine, fuselage or tail section. These illustrations represent averages and have features found in aircraft of all nations. The WEFT system emphasizes the parts an aircraft spotter can most readily see, recognize and describe quickly and accurately. From a combination of these features not only can the nationality of the plane often be determined even when insignia is difficult to see, but the type of operation, distance from base, and possible additional forces may also be anticipated. This information is vital to carry out the counteracting operations.

ジーク52（零戦52型）とジーク32（零戦32型）

技術航空情報部隊は、鹵獲した日本軍機を飛行させることにかかわった第一の評価部隊だった。同隊は、寸法や性能、武装および防弾装備にかんする豊富な視覚的情報資料を作製した。この情報は航空機搭乗員と地上要員に提供された。

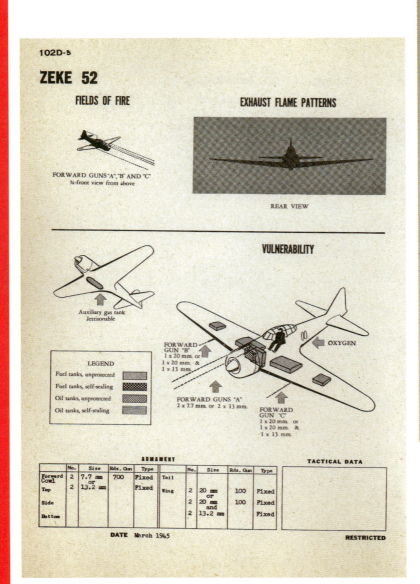

ZEKE 52

102D-2

AIRCRAFT

Duty	Fighter
Designation	Type 0 Model 52
Description	Low-wing Monoplane
Mfg.	Mitsubishi & Nakajima
Engines	1 Crew 1
Construction	All Metal

ENGINES

	H.P.	Altitude
Take-off	1120	S.L.
Normal	830	1500'
Military	1080	9300'
	950	21600'
War Emerg.	1210	8000'

Mfg.	Nakajima
Model	Sakae 31 A
Type	Radial
Cylinders	14 Cooling Air
Supercharger	2 Speed
Propeller	3-Blade Diam. 10' C.S.
Fuel - Take-off	92 Cruising 92

DIMENSIONS

Span 36.1'   Length 29.8'
Height 9.2'   Wing area 230 sq.ft.

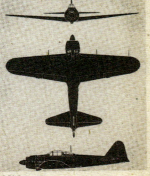

DATE March 1945

ZEKE 32 (HAMP)

102C-4

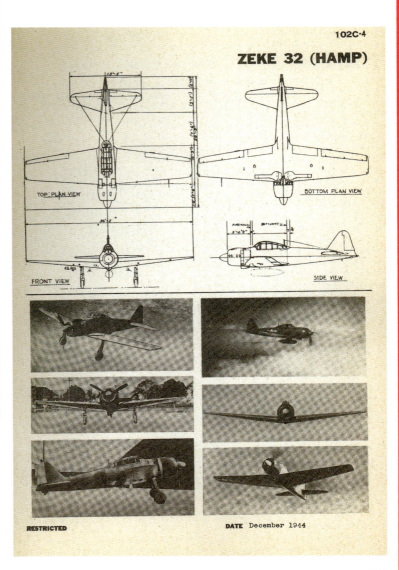

TOP PLAN VIEW   BOTTOM PLAN VIEW
FRONT VIEW   SIDE VIEW

RESTRICTED   **DATE** December 1944

アメリカ

行動半径は航法士の問題だ ■下■

航法士はどの機体の搭乗員でもきわめて重要なメンバーである。燃料をむだにせずに航空機を目標に誘導し、帰投させるその能力は、多くの場合、生死のちがいを意味した。地理上の現在位置を決定し、地上にたいする航空機の望む進行方向を維持する技術は、きわめて重要だった。

銃声を聞いたら……■上■

アメリカ陸軍航空軍教材部は、戦闘機対戦闘機の空中戦における、さまざまなやるべきことと、やってはいけないことに注意を喚起する数多くのポスターを作製した。戦時中、撃墜されたパイロットの大半は、自分がやられる原因となった飛行機の姿をまったく見ていなかった。このポスターはその問題に対処するためのものだった。

第2節：通常作業■右■

飛行前にかならず航空機の目視点検を行なうことはパイロットの責務だった。

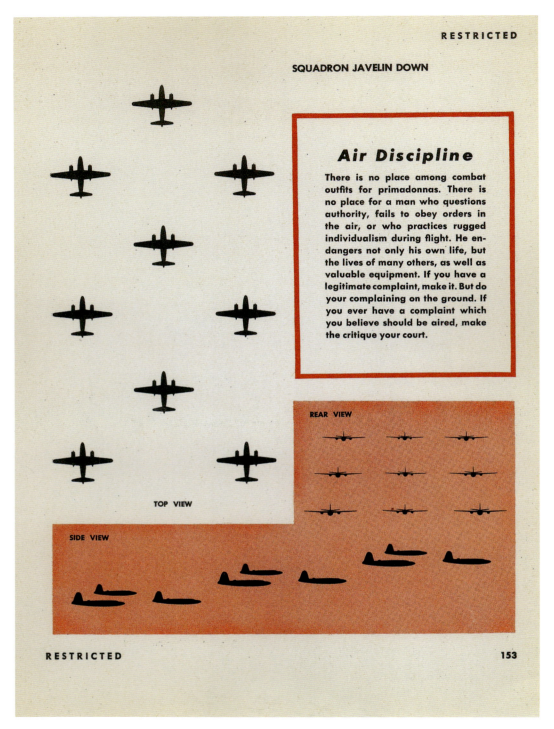

空中での規律■上■
規定のパターンつまり編隊で飛行することで、攻撃力と防御力は高まる。編隊の隊形は通常、個々の戦闘部隊の戦力、配置、任務にもとづいている。

編隊飛行■次頁■
『B-26飛行マニュアル』からとった編隊飛行の序文ページ。

RESTRICTED

FORMATION FLYING

When you get to combat you will find that your best insurance for becoming a veteran of World War II is a good, well-planned, well-executed formation. Formation flying is just about everything in combat. Groups which are noted for their efficiency in formation flying are usually as well-known for their low casualty rate and their effective operations.

A properly flown formation affords you many advantages and much better protection. Controlled firepower, maneuverability and movement of a number of aircraft, concentrated bombing pattern, better fighter protection—these are some of the desirable things which good formations provide.

Don't Straggle

Don't straggle—the one cardinal rule you must always follow when flying formation. A straggler in combat is asking for it. **Stay in position.** A straggler cuts down on the maneuverability, loses added protection and leaves a gap which endangers all of the other airplanes in the formation.

The Jap and the Hun will do all they can to make you straggle. Don't make their job easier.

B-24 速度──航続力──節約■右■

B-24は並はずれた航続距離のおかげで第二次世界大戦最長の戦いで主要な役割を演じることになった。「大西洋の戦い」で、B-24は、基地から1100マイル（2040キロ）先の洋上哨戒に最長で3時間、従事することができた。作戦可能な機数がさらに増えると、B-24は「大西洋の隙間」を埋めることが可能になった。これはドイツのUボートが哨戒機に悩まされずに行動できる北大西洋の海域のことだった。B-24リベレーターは北大西洋横断飛行を日常茶飯事にした最初の航空機でもあった。

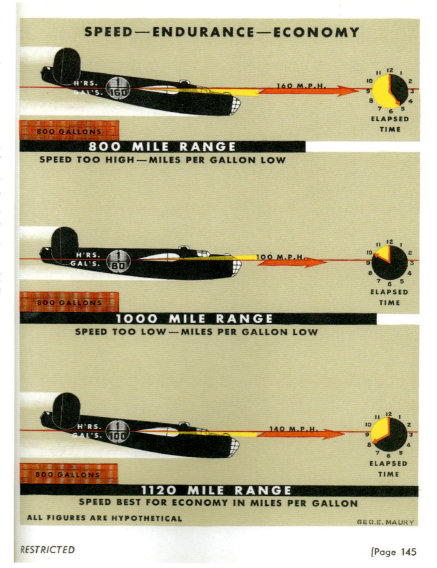

B-17の非常用脱出口■次頁上■

1942年から1945年のあいだに、B-17はヨーロッパで29万1508回の出撃任務に飛び立った。そのうちで4688機が戦闘で撃墜された。搭乗員は最大で10名なので、つまり4万6880名の搭乗員が戦死するか捕虜になったことになる。戦時中、ドイツは合計で9万名のアメリカ軍航空兵を捕虜にした。

不時着水した飛行機から離れる──P-61 ブラックウィドウ■次頁下■

このイラストレーションは不時着水した場合に搭乗員がどこから脱出したらいいかをしめしているが、救命ゴムボートがある場所はしめしていない！

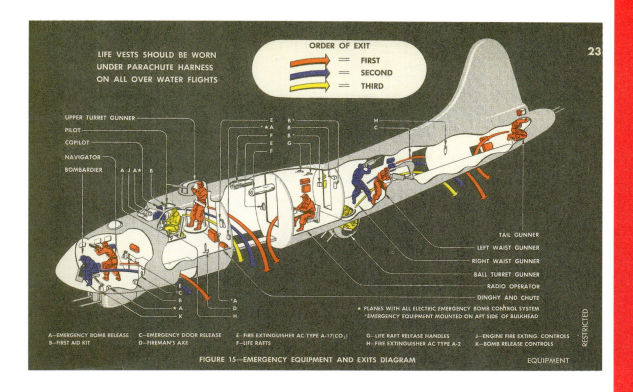

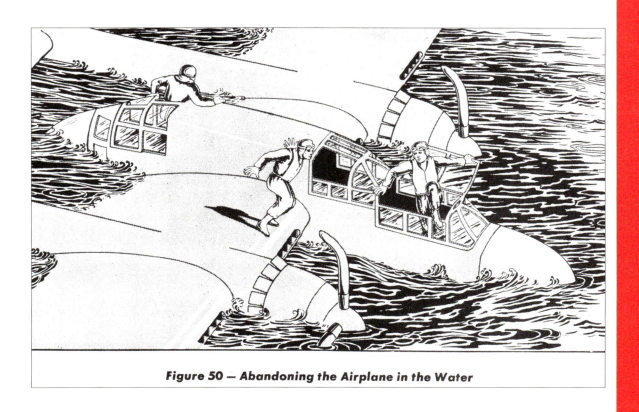

Figure 50 — Abandoning the Airplane in the Water

B-29の非常用脱出口 ■下■

B-29は大戦でもっとも長距離の爆撃任務を行なった。1万2000ポンド（5443キロ）の爆弾搭載量を持つB-29は、3700マイル（5954キロ）の航続力を誇っていた。爆撃任務は、すべてではないにしろ大部分、海上を飛行した。多くのB-29とその搭乗員が日本の目標への往路あるいは帰路で不時着水またはパラシュート脱出を強いられた。そのため航空機や艦船、潜水艦による入念な空海協同救助体制が敷かれた。終戦時には、潜水艦14隻と海軍の水上機21機、「スーパー・ダンボ」（救命艇を運ぶために改造されたB-29）9機、艦艇5隻が即応体制で配置についていた。

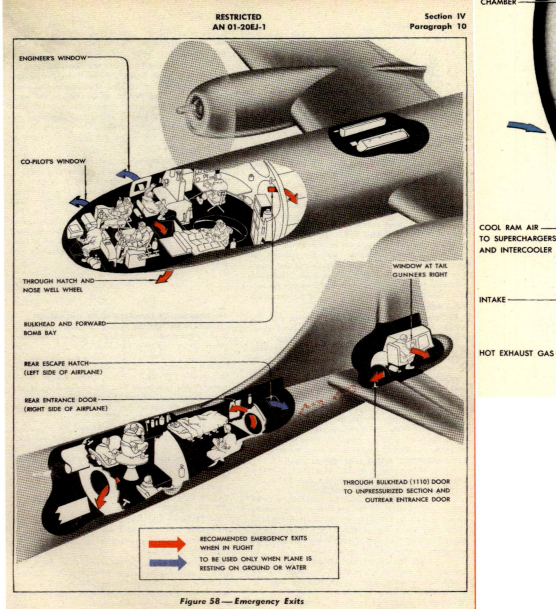

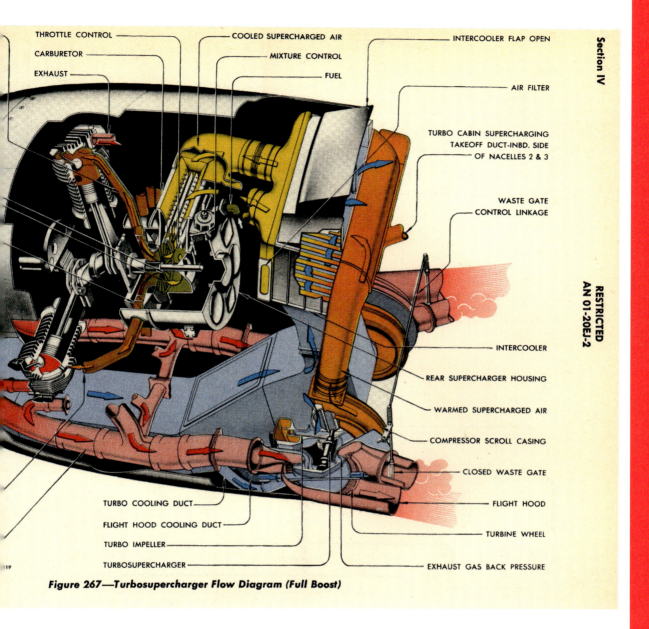

Figure 267—Turbosupercharger Flow Diagram (Full Boost)

ターボ過給器の空気の流れ略図 ■上■

4基のライトR-3350-23デュプレックス・サイクロン・エンジンはB-29の動力だった。各発動機はゼネラル・エレクトリック・ターボ過給器（排気タービン過給機）を2基装備し、離昇時に2200馬力（1641キロワット）の出力を発揮した。

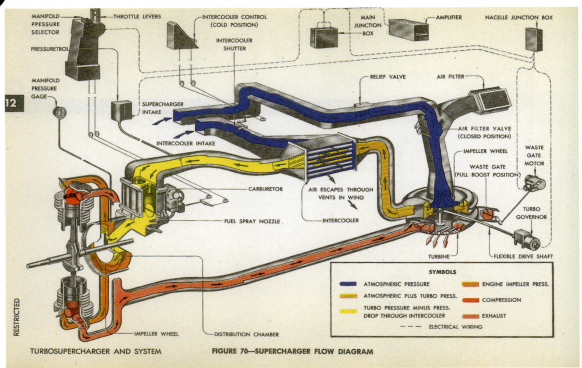

FIGURE 70—SUPERCHARGER FLOW DIAGRAM

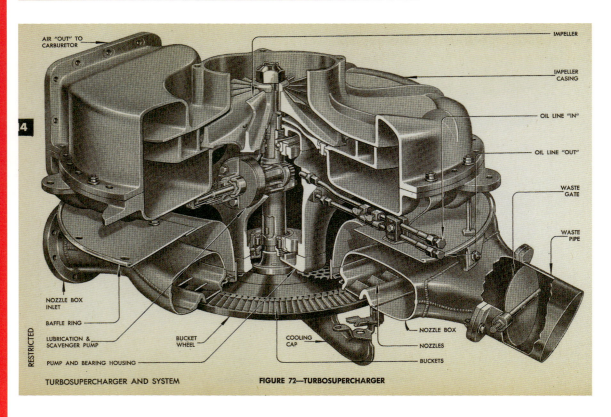

FIGURE 72—TURBOSUPERCHARGER

『ボーイング B-17G 野戦整備マニュアル』
ターボ過給器の空気の流れ略図 ■前頁上■

ターボ過給器は複雑な工業技術の驚異であり、このボーイングの略図ではその仕組みが明快に図示されている。ターボ過給器はエンジンからの排気ガスを全部あるいは一部利用してタービンを駆動し、そのタービンがつぎにブロワー（送風機）を駆動して、圧縮した空気をエンジンにふたたび送りこむ。B-17とB-24はゼネラル・エレクトリック・ターボ過給器を使用していた。排気タービン装備のB-17は、上昇限度3万5000フィート（1万668メートル）という比類のない高高度性能を誇った。これは、いずれも一段過給器つきエンジンを装備していたイギリスのランカスターとハリファックスより数千フィートまさっていた。

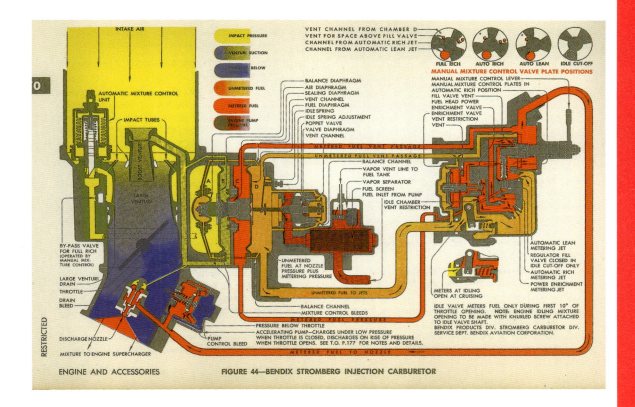

B-17のターボ過給器 ■前頁下■

ターボ過給器はかなりの高温で作動するので、高ニッケル合金のような高温金属を必要とした。基本的には、初期のジェット・エンジンに見られるのと同じ技術と素材を使っていた。

ベンディックス・ストロンバーグ噴射気化器 ■上■

気化器の仕事は、適切な燃焼のために最適な量の空気を液体燃料と混合することだった。この混合比は状況によって変えることができ、一部の噂に反して、アメリカの作戦機は燃料噴射装置をそなえたエンジンを使っていなかった。かわりにベンディックス・ストロンバーグ気化器のような、燃料を過給の最終段階で噴射する噴射気化器を使っていた。

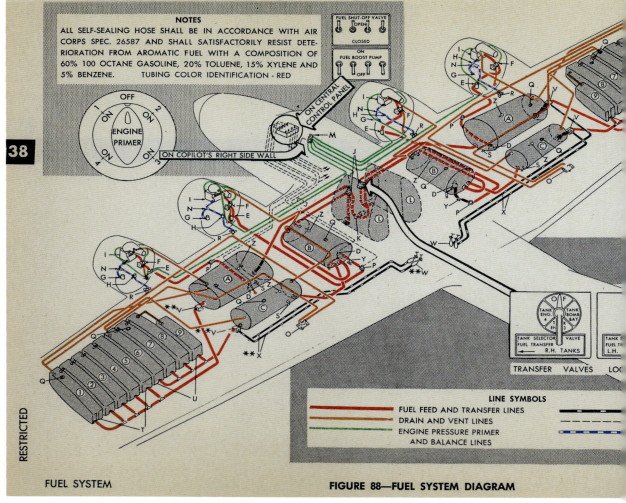

FIGURE 88—FUEL SYSTEM DIAGRAM

燃料系統の略図

B-17Fは、本当に戦闘に耐える最初のフライング・フォートレス（空の要塞）だった。E型とのもっとも顕著なちがいは、主翼に燃料タンクを9個増設したおかげで燃料搭載量がほぼ倍増したことである。このタンクは外側エンジンのすぐ外側に置かれ、B-17の実際の航続距離を250マイル（402キロ）延ばした。

B-17 の補給箇所の略図 ■次頁上■

B-17の最大燃料搭載量は2800ガロンで、燃料を満載したフォートレスは、飛行高度まで上昇するのに毎時400ガロン以上、目標まで巡航するのに200ガロン以上という、とてつもない速さで燃料を消費した。

B-17 の注油箇所の略図 ■次頁下■

B-17のような重爆撃機をいつでも戦える状態に置いておくためには、たえまない整備保守が必要だった。重爆は作戦のたびに何百ガロンという燃料を消費し、必要不可欠な部品を動かしつづけるために大量の潤滑油を使用した。

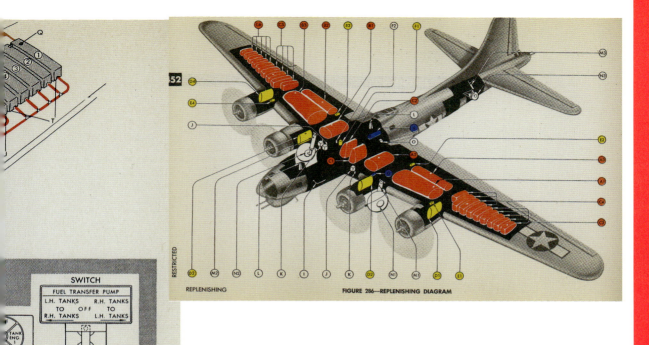

FIGURE 286—REPLENISHING DIAGRAM

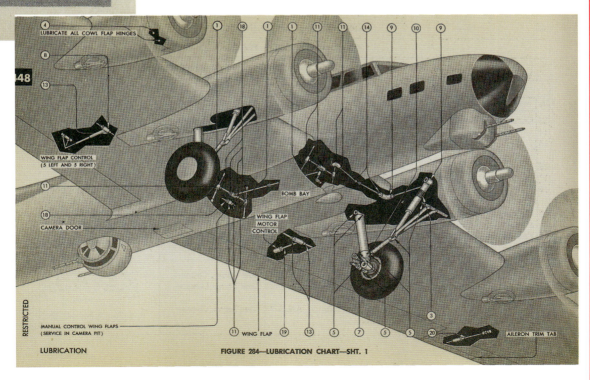

FIGURE 284—LUBRICATION CHART—SHT. 1

| LOCK RING |
| WHEEL RIM |
| BRAKE DRUM |
| BLEEDER FITTING |
| ROLLER BEARING |
| BRAKE FRAME |
| BRAKE BLOCK |
| TIRE RETAINING RING |

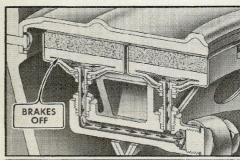

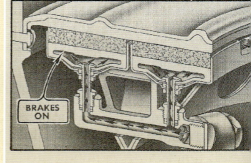

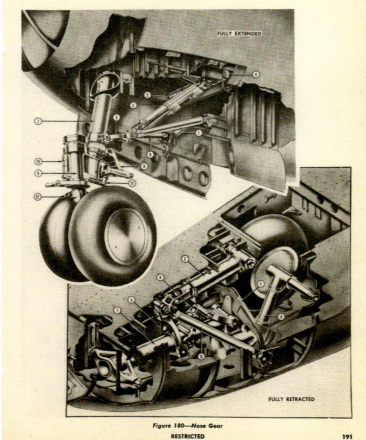

Figure 180—Nose Gear

前脚

B-29は巨大な重爆撃機で、頑丈な着陸装置を必要とした。プロトタイプはシングルタイヤの主脚をそなえていたが、製造時にダブルタイヤに代えられた。主輪は前方に引きこまれてエンジン・ナセルにおさまり、一方、前輪は後ろに引きこまれて、前部操縦室下の脚庫におさまった。

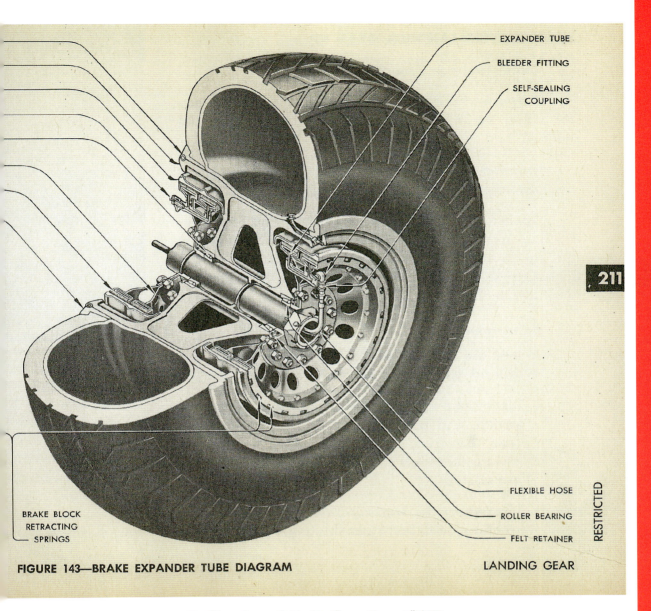

FIGURE 143—BRAKE EXPANDER TUBE DIAGRAM　　LANDING GEAR

B-17 ブレーキ・エキスパンダー・チューブ略図

離陸と着陸は、つねに飛行のもっとも危険な段階である。これにはほとんどの実戦パイロットが賛成するだろうが、敵地上空の飛行こそ、なによりも「いちばん」危険だとつけくわえることだろう。

　あらゆる重爆撃機と中型爆撃機のタイヤとブレーキ装置は着陸のたびに点検を受けた。タイヤは亀裂やひどく焦げた痕がないか点検された。こうした不具合を見過ごすと、タイヤが破裂して航空機の損失につながりかねなかった（訳注：エクスパンダー・チューブは、繊維で補強されたゴム製のチューブで、油圧によって膨らみ、ブレーキ・ブロックをブレーキ・ドラムに押しつけて、摩擦を発生させる仕組みである）。

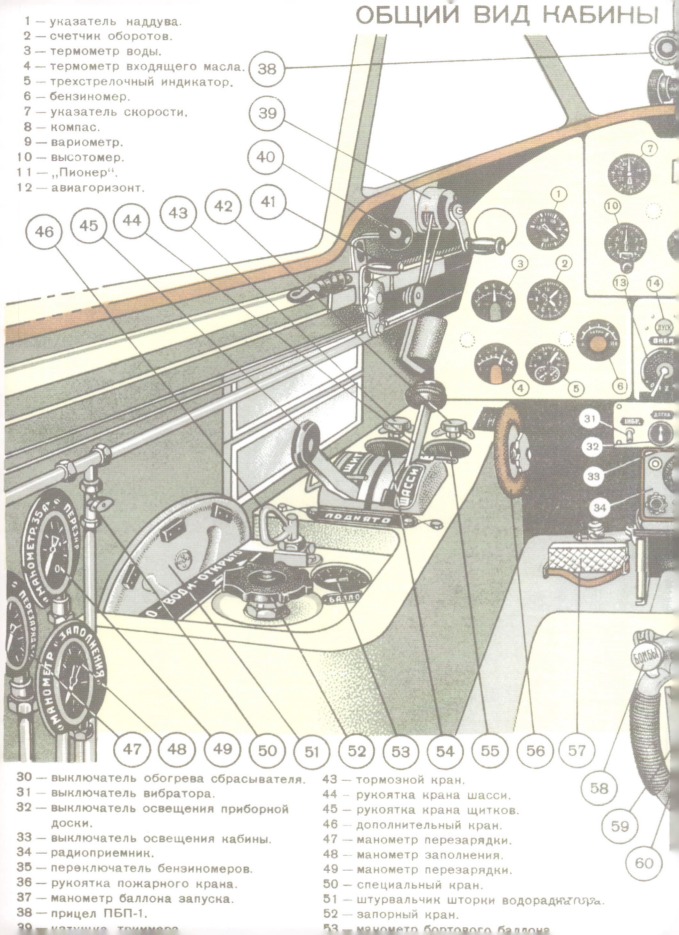

ОБЩИЙ ВИД КАБИНЫ

1 — указатель наддува.
2 — счетчик оборотов.
3 — термометр воды.
4 — термометр входящего масла.
5 — трехстрелочный индикатор.
6 — бензиномер.
7 — указатель скорости.
8 — компас.
9 — вариометр.
10 — высотомер.
11 — „Пионер".
12 — авиагоризонт.

30 — выключатель обогрева сбрасывателя.
31 — выключатель вибратора.
32 — выключатель освещения приборной доски.
33 — выключатель освещения кабины.
34 — радиоприемник.
35 — переключатель бензиномеров.
36 — рукоятка пожарного крана.
37 — манометр баллона запуска.
38 — прицел ПБП-1.
39 — катушка триммера.

43 — тормозной кран.
44 — рукоятка крана шасси.
45 — рукоятка крана щитков.
46 — дополнительный кран.
47 — манометр перезарядки.
48 — манометр заполнения.
49 — манометр перезарядки.
50 — специальный кран.
51 — штурвальчик шторки водорадиатора.
52 — запорный кран.
53 — манометр бортового баллона.

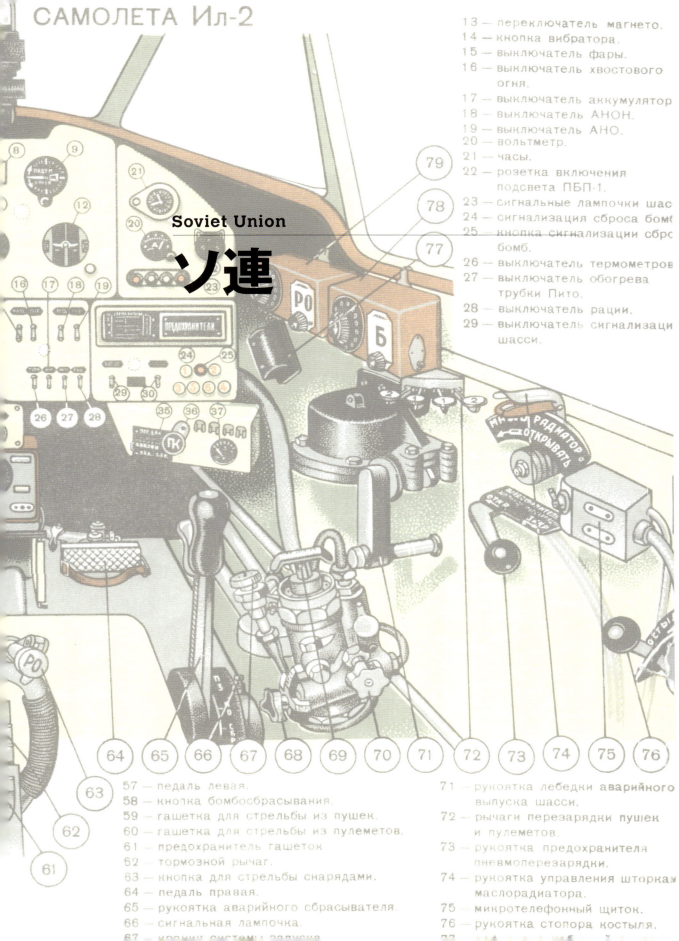

Il-2 シュトゥルモヴィク
操縦席略図

Il-2シュトゥルモヴィクの操縦席はひじょうにさっぱりとして、計器やレバー類が整然と配置された設計だった。同機は大戦中の空で一、二を争う重装甲の航空機でもあった。一体型のバスタブ状の分厚い表面硬化装甲板がパイロットを取りかこみ、バスタブの後部は厚さ13ミリの装甲板で仕切られている。パイロットはまた、強化ガラスの風防と厚さ65ミリの強化ガラスの前方風防にも守られていた。

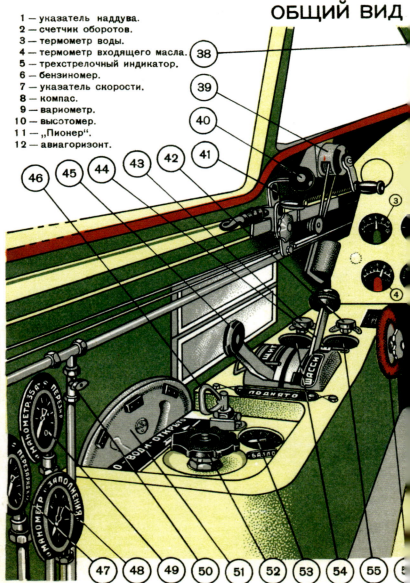

ОБЩИЙ ВИД

1 — указатель наддува.
2 — счетчик оборотов.
3 — термометр воды.
4 — термометр входящего масла.
5 — трехстрелочный индикатор.
6 — бензиномер.
7 — указатель скорости.
8 — компас.
9 — вариометр.
10 — высотомер.
11 — „Пионер".
12 — авиагоризонт.

30 — выключатель обогрева сбрасывателя.
31 — выключатель вибратора.
32 — выключатель освещения приборной доски.
33 — выключатель освещения кабины.
34 — радиоприемник.
35 — переключатель бензиномеров.
36 — рукоятка пожарного крана.
37 — манометр баллона запуска.
38 — прицел ПБП-1.
39 — катушка триммера.
40 — рукоятка нормального газа.
41 — рукоятка высотного корректора.
42 — соединительный кран.
43 — тормозной кран.
44 — рукоятка крана шасси.
45 — рукоятка крана щитков.
46 — дополнительный кран.
47 — манометр перезарядки.
48 — манометр заполнения.
49 — манометр перезарядки.
50 — специальный кран.
51 — штурвальчик шторки водо
52 — запорный кран.
53 — манометр бортового балло
54 — манометр тормозов.
55 — манометр воздушной сети
56 — штурвальчик управления

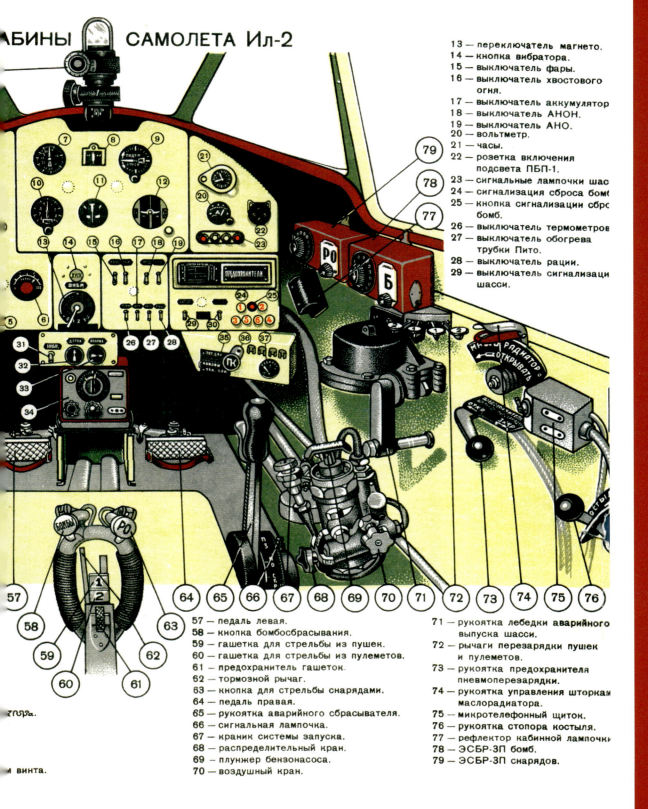

Il-2 の武装発射装置の操作法 ■右■

Il-2のマニュアルの63ページ。ロシア語で、こう書いてある。

（上段の図）目標に近づいたら、滑油冷却器のシャッターを閉じ、計器がしめす数値にしたがって、速度を時速300〜320キロに維持せよ。

（下段の図）
機関砲を発射するには、発射ボタン1を押せ。
機関銃を発射するには、発射ボタン2を押せ。
機関砲と機関銃を同時に発射するには、両方のボタンを押せ。

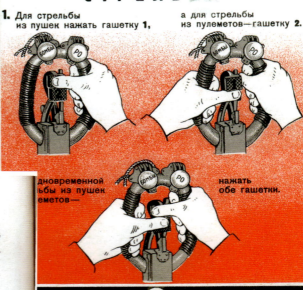

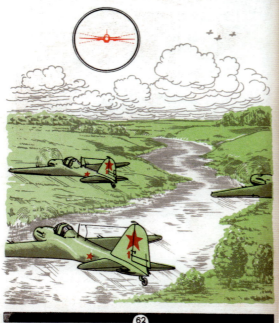

Il-2 飛行マニュアルの武装操作法の部の扉頁 ■左■

Il-2の3機編隊を描いたこの風景画は、こう助言している。「おおよその方向をつかむときには、高度を上げ、地形をよく観察して、編隊飛行時には編隊長の合図にしたがえ」

ソ連

Il-2 の武装発射装置の操作法 ■左■

Il-2飛行マニュアルの64ページには、ロシア語で、
（上段の図）「不発射、あるいは発射が自然に停止した場合には、当該の発射ボタンを止まるまで押せ。発射が再開しない場合には、発射ボタンを放し、再装填を実施せよ」

（下段の図）「目標上空にくる前に、必要ならESBR-3Pをべつの投下モードにセットせよ。爆弾あるいは投射弾の該当するボタンを押して、投下を実施せよ」

Il-2 の飛行前点検 ■右■

飛行前にかならず乗機を外から見て点検するのはパイロットの責務だった。

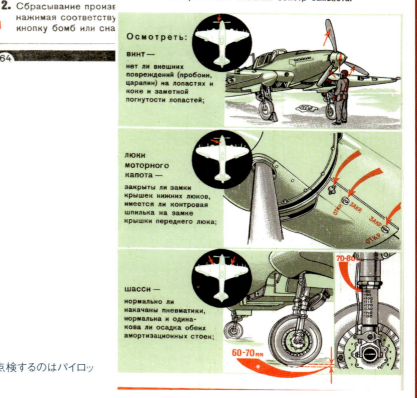

ラヴォチキン La-7 戦闘機の
胴体断面図■右■
主翼断面図■下■
エンジン・カウリング■次頁上■
操縦席概略図■次頁下■

第二次世界大戦中、ソ連の戦闘機はその構造に木材を広範囲に使用した。ラヴォチキンLa-7の胴体と主翼の2点の断面図からは、木材が多用されているのがわかる。西側の製造技術で生産された航空機にくらべて野暮ったく、やや荒削りと評されるLa-7は、恐るべき戦闘機であることを実証し、ドイツ軍は東部戦線におけるもっとも危険な脅威と見なした。

ソ連のパイロットたちの評によれば、操縦席はレバー類に手を伸ばしやすく、計器の配置も理にかなっていて、すぐれたレイアウトだったという。

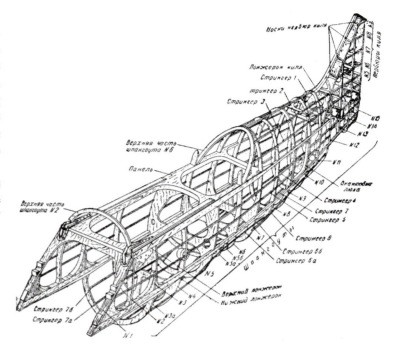

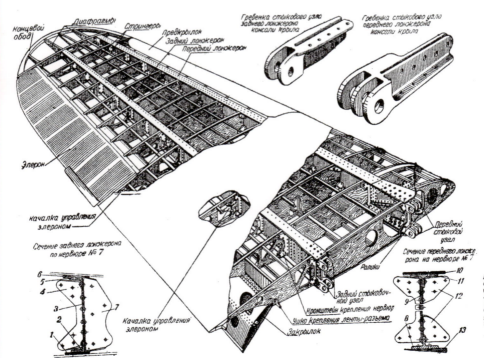

ソ連

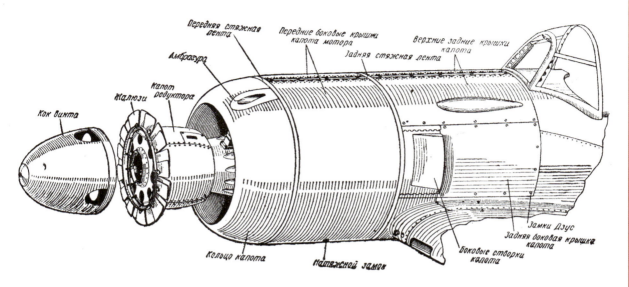

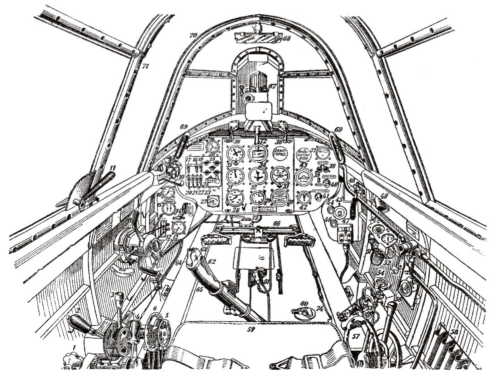

1—вентиль баллона сжатого воздуха; 2—рычаг двухскоростной передачи к нагнетателю; 3—рычаг сова маслорадиатора; 4—рычаг механизма сбрасывания бомб; 5—штурвал триммера руля направления; 6—штурвал триммера руля высоты; 7—ручка управления стопкраном; 8—рычаг газа; 9—рычаг управления шагом винта; 10—кран управления закрылками; 11—замок фонаря; 12—указатель положения закрылков; 13—манометр гидросистемы; 14—кран управления шасси; 15—манометр тормозов; 16—манометр сжатого воздуха; 17—тумблер включения фары; 18—тумблер включения подогрева трубки Пито; 19—тумблер включения сигнализации шасси; 20—тумблер включения лампы УФО; 21—тумблер включения радио; 22—тумблер АНО; 23—тумблер включения аккумулятора; 24—пусковые кнопки; 25—лампочки сигнализации положения шасси и хвостового колеса; 26—часы АВР; 27—переключатель магнето; 28—милливакуумметр; 29—тахометр ТЭ-22; 30—трехстрелочный индикатор; 31—указатель скорости УС-800; 32—указатель поворота; 33—вариометр ВР-30; 34—компас КИ-11; 35—высотомер двустрелочный; 36—ручка пневматической перезарядки; 37—вольтамперметр; 38—лампы сигнализации сброса бомб; 39—тумблер включения бензиномера; 40—реостат подсветки кабины; 41—реостат прицела и компаса; 42—термопара ТЦТ-9; 43—бензиномер; 44—ручка настройки; 45—шкала настройки; 46—ручка настройки (на волну) 47—шиток рации; 48—аварийный сбрасыватель фонаря; 49—лампа УФО освещения кабины; 50—кислородный прибор; 51—бортовой вентиль кислородного баллона; 52—тройник; 53—кран нейтрального газа; 54—краны аварийного выпуска шасси; 55—пусковой насос ПН-1; 56—рычаг управления передними жалюзи; 57—штурвал управления боковыми створками капота; 58—патронташ для ракет; 59—сиденье пилота; 60—ручка управления перекрывным бензокраном; 61—кнопка ПУ-8; 62—рычаг управления тормозами; 63—кнопка управления огнем пушек; 64—предохранитель кнопки 63—ручка пилота; 66—педаль ножного управления; 67—прицел ПБП-А; 68—зеркало; 69—ручка ручной перезарядки с предохранителем; 70—козырек; 71—створки фонаря; 72—ручка постановки пушек на предохранитель; 73—дифференциал тормозов; 74—трос аварийного выпуска шасси.

Примечание. На самолетах последних серий управление рацией 47 перенесено на левую сторону кабины на борт фюзеляжа.

イリューシン DB-3m 爆撃機の胴体構造とエンジン・カウリング
■右■

B-17やアヴロ・ランカスターの知名度には遠くおよばないが、DB-3は第二次世界大戦屈指の名爆撃機だった。膨大な機数が運用されたDB-3は、戦術爆撃機、戦略爆撃機だけでなく、雷撃機としても使われた。1944年に生産が終了するまでに6800機以上が納入された(訳注:これはDB-3とその改良型のIl-4を合わせた生産数である)。

ペトリャコフ Pe-2 の主翼の構造と中央部分 ■下■

この断面図ではペトリャコフPe-2爆撃機の主翼の構造と中央部分が詳細にわかる。Pe-2は細い胴体とすぐれた空力学的特性のおかげで、ドイツ空軍の迎撃戦闘機に容易に撃墜されなかった。1万1400機をすこし上回る機数が生産された。

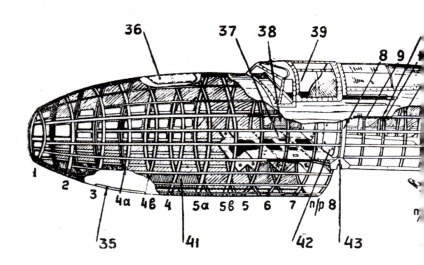

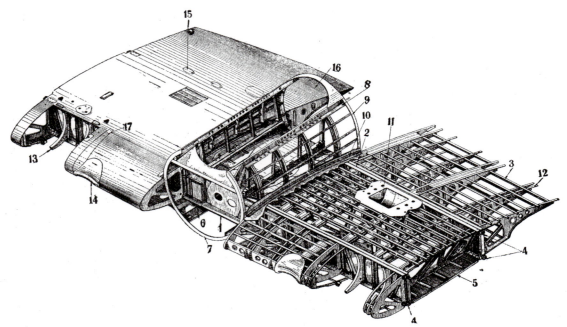

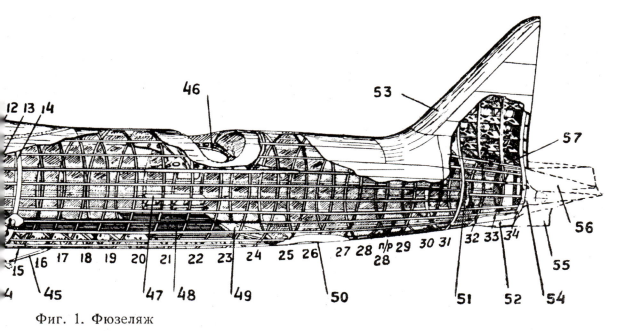

Фиг. 1. Фюзеляж

...й люк, 36 — астрономический (аварийный) люк, 37 — пол пилота, 38 — кабина
...передний пол, 42— перегородка задняя, 43 — передний верхний стыковой
...скосы, 46— задняя жесткость, 47— подножка, 48— задний пол, 49— задний
...лы крепления переднего лонжерона фюзеляжа, 52 — предохранительная
...онжерона стабилизатора, 55— чехол, 56— хвостовой обтекатель, 57—жесткость рамы № 34

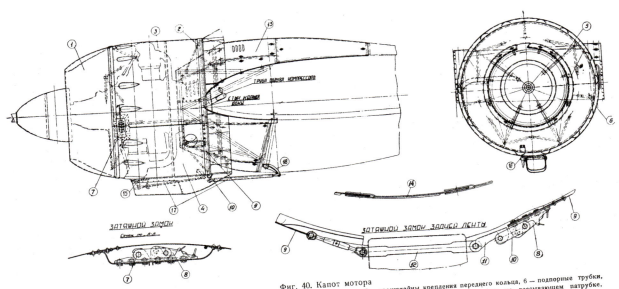

Фиг. 40. Капот мотора

1 — переднее кольцо, 2 — заднее кольцо с юбкой, 3 — верхняя крышка, 4 — нижняя крышка, 5 — кронштейны крепления переднего кольца, 6 — подпорные трубки, 7 — затяжные замки, 8 — рычаг замка, 9 — лента крепления капота, 10 — затяжной замок ленты, 11 — ухо замка, 12 — ушко тяги на всасывающем патрубке, 13 — внутренний капот, 14 — соединение створок юбки, 15 — заслонка всасывающего патрубка, 16 — ось заслонки, 17 — тяги управления заслонками, 18 — рычаг на подвижной части шасси

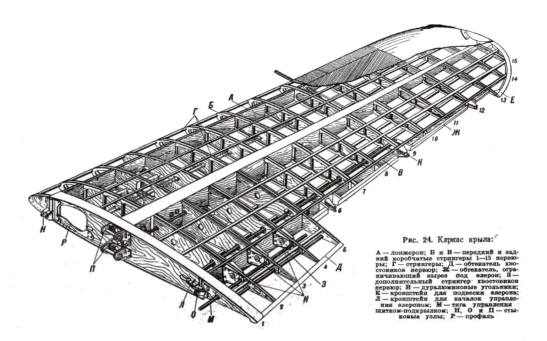

Рис. 24. Каркас крыла:
А — лонжерон; Б и В — передний и задний коробчатые стрингеры 1—15 нервюры; Г — стрингеры; Д — обтекатель хвостовиков нервюр; Ж — обтекатель, ограничивающий вырез под элерон; З — дополнительный стрингер хвостовиков нервюр; И — дюралюминиевые угольники; К — кронштейн для подвески элерона; Л — кронштейн для качалок управления элероном; М — тяга управления щитком-подкрылком; Н, О и П — стыковые узлы; Р — профиль

ミコヤン MiG-3 の主翼構造 ■上■

上と次ページの詳細な断面図からは、MiG-3の内部構造がわかる。MiG-3戦闘機の外翼構造は木製だった。MiG-3の主翼桁に使われた合板と積層材は樺材だった。そのほかの積層材部品（小骨と縦通材）は松材製だった。しかし、MiG-3は全木製ではなかった。胴体の中央部分は金属製のトラス構造で構成されていた。この木材と金属の混合構造のおかげで、MiG-3はかなりの性能を発揮したが、1942年には、ドイツのBf109とFw190両戦闘機の新型にもはや太刀打ちできなかった。

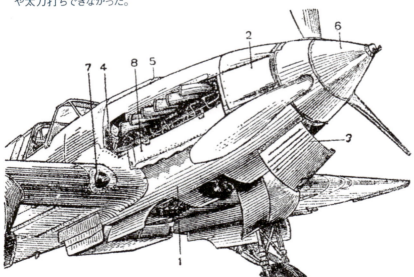

Рис. 8. Капот мотора:
1 — нижняя часть капота; 2 — верхняя боковая крышка; 3 — передняя нижняя крышка (откидная); 4 — задняя боковая крышка (съемная); 5 — тоннель водяного радиатора; 6 — обтекатель втулки винта; 7 — всасывающий патрубок; 8 — боковая крышка (откидная)

Il-2 シュトゥルモヴィクのエンジン・カウリングの細部 ■左■

この略図は、装甲カウリングなどの点検用パネルを開いた状態をしめしている。Il-2は1665馬力のAM-38エンジン1基を動力としていた。

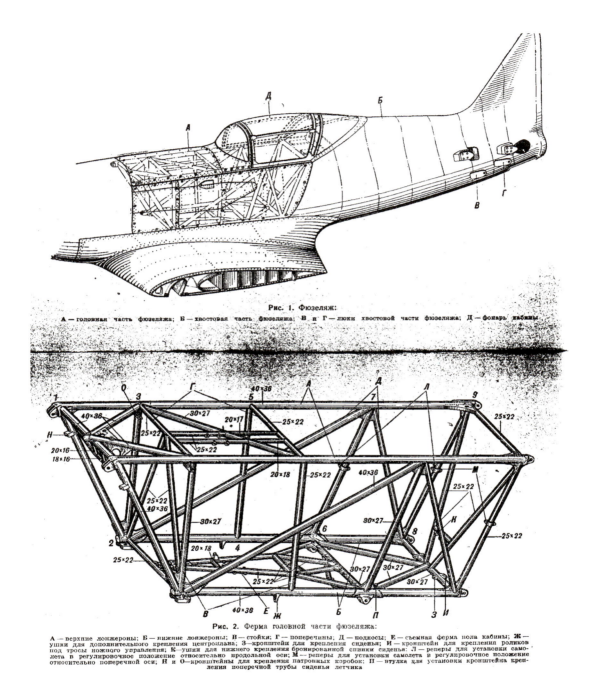

Рис. 1. Фюзеляж:
А — головная часть фюзеляжа; Б — хвостовая часть фюзеляжа; В и Г — люки хвостовой части фюзеляжа; Д — фонарь кабины

Рис. 2. Ферма головной части фюзеляжа:
А — верхние лонжероны; Б — нижние лонжероны; В — стойки; Г — поперечины; Д — подкосы; Е — съемная ферма пола кабины; Ж — ушки для дополнительного крепления центроплана; З — кронштейн для крепления сиденья; И — кронштейн для крепления роликов под тросы ножного управления; К — ушки для нижнего крепления бронированной спинки сиденья; Л — реперы для установки самолета в регулировочное положение относительно продольной оси; М — реперы для установки самолета в регулировочное положение относительно поперечной оси; Н и О — кронштейны для крепления патронных коробок; П — втулка для установки кронштейна крепления поперечной трубы сиденья летчика

ミコヤン MiG-3 の胴体とトラス構造■上■

MiG-3の胴体と金属製の胴体中央部のトラス構造。機体の残りは、合板と圧縮木材の部品でできていた。

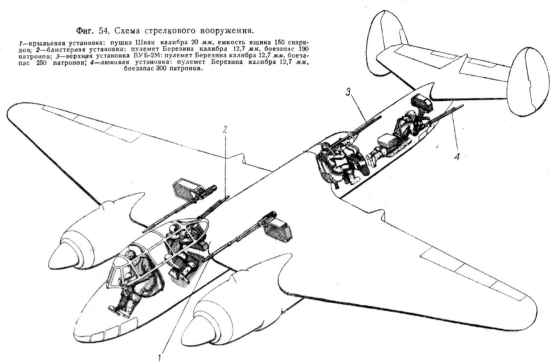

Фиг. 54. Схема стрелкового вооружения.

1—крыльевая установка: пушка Швак калибра 20 мм, емкость ящика 150 снарядов; *2*—блистерная установка: пулемет Березина калибра 12,7 мм, боезапас 190 патронов; *3*—верхняя установка ВУБ-2М: пулемет Березина калибра 12,7 мм, боезапас 250 патронов; *4*—люковая установка: пулемет Березина калибра 12,7 мм, боезапас 300 патронов.

ツポレフ Tu-2 の武装配置図■上■

Tu-2は戦時中屈指の傑出した設計の爆撃機だった。搭乗員に大いに好かれ、信頼性が高く、武装も強力で、手強い攻撃機だった。武装は12.7ミリ口径のベレシンBS旋回機関銃3挺と、主翼付け根に固定装備された、装弾数各200発の20ミリShVAK機関砲からなる。

M-103 液冷エンジン■次頁上■

960馬力のM-103液冷エンジンのやや簡略な横断面図。M-103は、ツポレフSB-2戦術爆撃機の後期型に搭載された。

ツポレフ SB-2 爆撃機の機首銃塔■次頁下■

SB-2軽爆撃機の機首銃塔の武装は、7.62ミリのShKAS機関銃2挺だった。SB-2はソ連初の全金属製応力外皮の爆撃機で、武装は7.62ミリ機関銃4挺と、最大1100ポンド(500キロ)分の爆弾だった。

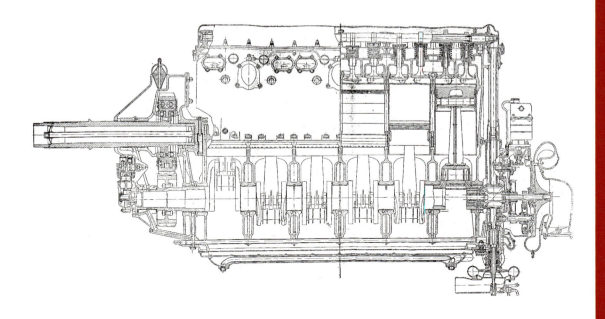

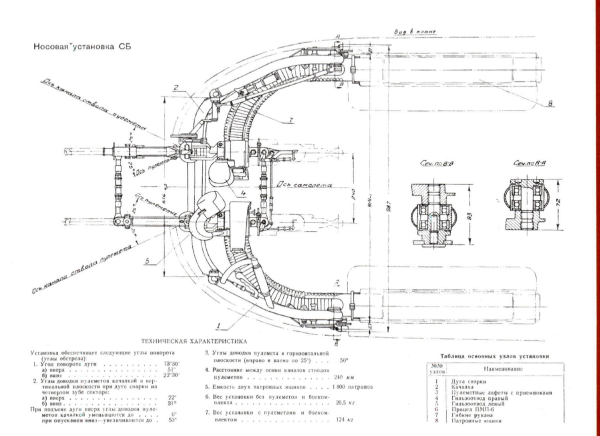

Носовая установка СБ

ТЕХНИЧЕСКАЯ ХАРАКТЕРИСТИКА

Установка обеспечивает следующие углы поворота (углы обстрела):
1. Угол поворота дуги . . . . 73°30′
   а) вверх . . . . 51°
   б) вниз . . . . 22°30′
2. Углы доводки пулеметов качалкой в вертикальной плоскости при дуге спарки на четвертом зубе сектора:
   а) вверх . . . . 22°
   б) вниз . . . . 31°
   При подъеме дуги вверх углы доводки пулеметов качалкой уменьшаются до . . . . 0°
   при опускании вниз — увеличиваются до . . 53°
3. Углы доводки пулемета в горизонтальной плоскости (вправо и влево по 25°) . . . 50°
4. Расстояние между осями каналов стволов пулеметов . . . . 240 мм
5. Емкость двух патронных ящиков . . . . 1 800 патронов
6. Вес установки без пулеметов и боскомплекта . . . . 26,5 кг
7. Вес установки с пулеметами и боскомплектом . . . . 124 кг

Таблица основных узлов установки

№№ узлов	Наименование
1	Дуга спарки
2	Качалка
3	Пулеметные лафеты с приемниками
4	Гильзоотвод правый
5	Гильзоотвод левый
6	Прицел ПМП-6
7	Гибкие рукава
8	Патронные ящики

謝辞

　本書は家族と友人たちの助けと支えがなければ実現できなかっただろう。〈ボストン・ミルズ・プレス〉と〈ファイアフライ・ブックス〉、〈ページウェーヴ・グラフィックス〉のジョン・デニスンとキャシー・フレーザーとみなさんに感謝したい。

　以下のかたがたは、自分の時間と専門知識を使って、本書を実現するのを手伝ってくれた。ピーター・カースル、ロイ・クロス、ダン・パタースン、フィオナ・ヘイル、ロン・ディック、フィル・ウィルキンスン、セアラ・クス・シヴラー、ドーン・デューイ、ピオトル・ロパレウスキ、ジャン・ホフマン、ピーター・エリオット、イアン・ダンカン、ジョアン・M・G・ロンドン、イリヤ・グリンバーグ、スヴェン・シャイダーバウアー、ピーター・デヴィット、ニック・ストラウド、ブレット・ストーリー、ゲンナジー・スロウツキ、N・ポリカルポフ、そしてクリスティーン・L・キャスケに、心よりの感謝を。

　以下の博物館と公文書館にも感謝したい。オタワのカナダ航空博物館、ロンドンの英国空軍博物館、ワシントンDCの国立公文書館、オハイオ州デイトンのライト州立大学、アメリカ航空殿堂、アメリカ空軍博物館、ワシントンDCの国立航空宇宙博物館。

訳者あとがき

　本書は、『コクピット——第2次大戦軍用機インテリア写真集』などで知られるカナダ在住の航空史家ドナルド・ナイボールが、欧米の博物館に秘蔵され、これまで未公開だった部外秘の航空図版、数百点を集めた貴重な資料集である。

　軍用機にかんする書籍というと、どうしても、機体自体のメカニカルな面に目が行きがちだ。たしかに、比類のないスピードや、相手を凌駕する運動性、長大な航続距離、一撃必殺の強力な武装など、性能面での話題には、人をひきつけてやまないものがある。

　しかし、飛行機がそうした本来の性能を発揮するためには、パイロットや搭乗員、整備員をはじめ、レーダー員による航法支援、救難体制など、膨大な人的バックアップが必要なことはいうまでもない。

　航空部隊は、作戦機を飛ばすパイロットを頂点としたピラミッド状の組織であり、作戦機の性能が高くなればなるほど、その高い頂点を支えるために、より広大な裾野が必要となる。

　とくに第二次世界大戦では、航空戦の重要性がかつてないほど高まり、航空部隊はその要求にこたえるために、いっきょに膨大な数の人員を育成する必要に迫られた。

　そのために、英米では、訓練生の理解を早める目的で、数多くの図版が作成されて、マニュアルやポスター類にふんだんに使用された。たとえば、移動する敵機を撃つ、見越し射撃の方法もイラストで図示し、言葉だけではわかりづらい情報を視覚化することで、教育期間の飛躍的短縮を可能にしたのである。エンジンや過給機などの複雑な構造も、不鮮明なモノクロ写真ではなく、イラスト化することで、理解が容易になった。

　また、敵機の最新図解や識別図は、イラストレーションのもっとも得意とするところだった。その点では、イラストレーションも立派な武器だったのである。

　こうした部外秘の図版類は、戦争が終わると、顧みられることなく散逸してしまった。本書で紹介される現存例の大半は、かろうじて各国の博物館に残されている貴重なものである。中心となるのはドイツとイギリスおよびアメリカの機材だが、ソ連軍のマニュアルや中国軍のポスターなどの珍しい図版も掲載されている。

　戦時の必要性が生みだしたものとはいえ、こうしてあらためて見てみると、カラービジュアルには、アートとしての面白さがある。公式図面にはない立体感と、最新のＣＧにはない手書きの味わい。戦時中のプロパガンダポスターのような時代色が、今の目には逆に新鮮に映る。グラフィック史の観点からも、貴重な資料といえるだろう。

　こうした図版に描かれた部外秘情報のなかには、今でも他では得られな

い、戦史的に貴重なものもある。飛行機自体の三面図や細部イラストは、マニアックな新しいものが出てきているが、各種の無線施設による航法支援の仕組みや、酸素マスクや飛行服などの航空装備については、現在もなお、こうしたイラストが貴重な情報源であり、研究者やコレクターにはかけがえのない資料である。大型機の機内のどこにどんな要員が配置され、どんな任務を果たしていたのかとか、緊急脱出時の手順などは、飛行機マニアでも意外とわからないもので、作家や翻訳者には大いに参考になる。

　また、情報戦秘史としての面白さもある。マニュアル類やポスターなどの収録だけでは、ただの図録になってしまうが、本書では、当時、英国情報部MI6の航空情報部門から依頼されて部外秘図版の製作にたずさわった画家ピーター・カースルの体験談をまじえることで、その歴史的意義を解き明かす。鹵獲したドイツ軍機をメジャーで実測して図面に起こした話などは、じつに興味深い。ビジュアル面だけではなく、読み物としての面白さ、歴史ノンフィクションとしての側面もある。

　本書におさめられたさまざまな部外秘イラストレーションは、戦争が、莫大な労力と資源、そして人命をついやし、軍人だけでなく、多くの人間を巻きこんでいく、じつに途方もない行為であることを、あらためてわれわれに思い出させてくれる。

2018年9月

参考文献

American Warplanes of World War II. London, England: Aerospace Publishing Ltd., 1995
Atkinson, Rick. *An Army at Dawn*. New York, New York: Henry Holt and Company, 2002
Bowan, Martin W. *USAF Handbook 1939-1945*.Mechanicsburg, PA; Stackpoole Books, 1997
Carter, William, and Spencer Dunmore. *Reap the Whirlwind: The Untold Story of 6 Group, Canada's Bomber Force of World War II*. Toronto, Canada: McClelland and Stewart Inc., 1991
Clark, R. Wallace. *British Aircraft Armament, Volume 1*: RAF Gun Turrets from 1914 to the Present Day. Sparkford Nr Yeovil, Somerset: Patrick Stephens Limited, 1993
Donald, David., ed. *Warplanes of the Luftwaffe*. London, England: Aerospace Publishing Ltd., 1994
English, Allan D. *The Cream of the Crop*.Montreal: McGill-Queen's University Press, 1996
Ethell, Jeffrey L. et al. *Great Book of World War II Airplanes*. Twelve Volumes. New York: Bonanza Books, 1984
Freeman, Roger A. *B-17 Fortress at War*. New York: Charles Scribner's Sons, 1977
Greenhouse, Brereton, and Stephen. J. Harris, William C. Johnston, William G.P. Rawling. *The Crucible of War 1939-1945: The Official History of the Royal Canadian Air Force Volume III*. Toronto: University of Toronto Press Inc. in cooperation with the Department of National Defence and the Canada Communications Group, Publishing, Supply Services of Canada, 1994
Gunston, Bill. *Classic World War II Aircraft Cutaways*.Michelin House, 81 Fulham Road, London. Osprey Publishing, 1995
Halliday, Hugh A. *Typhoon and Tempest: The Canadian Story*. Toronto, Canada: CANAV Books, 1992
Hardesety, Von. *Red Phoenix: The Rise of Soviet Air Power 1914-1945*. Washington D.C., Smithsonian Institution, 1982
Hogg, Ian V. *The Guns 1939-45*. New York, New York: Ballantine Books Inc.,1970（『大砲撃戦』イアン・V・フォッグ／岩堂憲人訳、サンケイ出版）
Holmes, Tony. *Hurricane Aces 1939-40*. Botley, Oxford: Osprey Publishing, 1998
Jane's Fighting Aircraft of World War II. New Jersey: Crescent Books, 1994
Jarrett, Philip ed. *Aircraft of the Second World War*. 33 John Street, London: Putnam Aeronautical Books, 1997
Kaplan, Philip, Currie Jack. *Round the Clock*. New York: Random House Inc, 1993
Lake, Jon. *Halifax Squadrons of World War 2*. Botley, Oxford: Osprey Publishing, 1999
March, Daniel, J. *British Warplanes of World War II*. London, England: Aerospace Publishing Ltd, 1998
Middlebrook, Martin, and Chris Everitt. *The Bomber Command War Diaries*. Wrights Lane, London: Penguin Books Ltd, 1990
Murray, Williamson. *The Luftwaffe, 1933-45 Strategy for Defeat*.Washington D.C., Brassey's, 1989
O'Leary, Michael. *VIII Fighter Command at War 'Long Reach'*. Botley, Oxford: Osprey Publishing, 2000
Peden, Murray. *A Thousand Shall Fall*. Toronto: Stoddart Publishing, 1988
Perkins, Paul. *The Lady*. Charlottesville, VA: Howell Press, Inc., 1997
Price, Dr. Alfred. *Aggressors: Patrol Aircraft versus Submarine*. Charlottesville, Virgina: Howell Press
Price, Dr. Alfred. *Luftwaffe Handbook*. New York. Charles Scribner's Sons, 1977
Price, Dr. Alfred. *Spitfire Mark I/II Aces 1939-41*. 81 Fulham Road, London: Osprey Publishing, 1996（『スピットファイア MkI/II のエース 1939-1941』アルフレッド・プライス／岡崎淳子訳、大日本絵画）
Remington, Roger R. *American Modernism Graphic Design, 1920 to 1960*. New Haven, CT: Yale University Press, 2003

Sakaida, Henry. *Imperial Japanese Navy Aces 1937-45*. 81 Fulham Road, London: Osprey Publishing, 1998（『日本海軍航空隊のエース　1937-1945』ヘンリー・サカイダ／小林昇訳、大日本絵画）

Scutts, Jerry. *German Night Fighter Aces of World War 2*. Botley, Oxford: Osprey Publishing, 1998（『第二次大戦のドイツ夜間戦闘機エース』ジェリー・スカッツ／渡辺洋二訳、大日本絵画）

The Official World War II Guide to the Army Air Forces. New York, New York: Bonanza Books, 1988

Weal, John. *Bf 109F/G/K Aces of the Western Front*. Botley, Oxford: Osprey Publishing, 1999（『西部戦線のメッサーシュミット Bf109F/G/K エース』ジョン・ウィール／阿部孝一郎訳、大日本絵画）

定期刊行物

Buttler, Tony. "Database de Havilland Mosquito." *Aeroplane*. November 2000
Eleazer, Wayne. "Supercharged." *Airpower*. November 2001
Hall, Tim. "Cutaway Kings Peter Endsleigh Castle." *Aeroplane*. November 1999
Hall, Tim. "Cutaway Kings Roy Cross." *Aeroplane*. September 2000
Mitchell, Fraser-Harry. "Database Handley Page Halifax." *Aeroplane*.May 2003
Price, Dr. Alfred. "The First Cruise Missile." *Aeroplane*.March 2001

公的記録

Air Crew Training Bulletin No. 19, August 1944
Air Crew Training Bulletin No. 22, February 1945
Air Defence Pamphlet Number Eight, "Barrage Balloons", November 1942
Air Technical Intelligence Group Advanced Echelon Far East Air Forces, Tokyo Japan.
　Flying Safety in the Japanese Air Forces. Report No. 251 December 15, 1945
Japanese Aircraft Carrier Operations Part I. Air Technical Intelligence Group No. 1 October 4&5 1945
The National Archives, Washington, D.C.

図版クレジット

Dan Patterson: 1, 2, 3, 9, 11, 12, 13, 30, 46, 168, 206, 213, 216, 222 (top), 224, 225, 228-231, 242, 243, 248, 250
Wright State University: 5, 8, 22, 26 (bottom left), 31 (top), 33, 34 (top), 35, 38, 44, 80, 212, 218, 220, 221, 226, 234, 235, 237 (bottom), 238, 239, 240, 241 (top), 244, 245, 246, 247, 249, 267
Department of National Defence, Canada: 6, 39, 40, 264, 269
The Kent and Sussex Courier: 9
RAF Museum: 10, 17, 42, 43, 46, 48 to 71, 74, 78, 82 to 86, 90 to 167
Peter Castle: 14, 15, 16, 18, 19, 21
National Air and Space Museum: 23, 24, 208, 210, 237 (top)
N. Polikarpov: 256, 257, 260 (top), 261
Guennadi Sloutski: 25, 26 (bottom right), 250, 252, 254, 255, 260 (bottom), 262, 263
Canada Aviation Museum: 26 (top), 28 (top), 31 (bottom), 32 (bottom), 41, 42 (top), 72, 76, 89, 177 to 179, 188, 189, 190, 191, 192, 193, 195, 196, 214
Aviation Hall of Fame: 27, 45, 222 (bottom), 241 (bottom)
Joe Picarella: 28 (bottom)
Roy Cross: 29
National Archives, Canada: 32 (top), 34 (bottom)
Piotr Lopalewski, Jan Hoffmann: 36, 37, 170, 171
Berlin Technical Museum: 168, 172, 173, 180, 182 to 187, 198 to 204
John Weal: 176, 194
National Archives, D.C.: 206, 232, 236

索引

【英数字】
50 口径機関銃……221
第 143 タイフーン飛行大隊……40
A.I.l(a)……15
　A.I.2 (G)……65
　　MI6 も参照
『B-26 パイロット訓練マニュアル』……26
BK 5 砲……189
BMW323 星型エンジン……205
BMW801 エンジン……68, 203
KG40……61
KG100……61
M-103 液冷エンジン……262
MG15 機関銃……176, 180
MG17 機関銃……189
MG81 機関銃……191
MI6……15, 19
　技術航空情報部門……20
ShKAS 機関銃……262-3
ShVAK 機関砲……262
U ボート……120, 240
V1 飛行爆弾……17, 18-20, 70-1
WEFT……232-3

【あ】
アヴロ……15
　アンソン……25, 33, 110
　ランカスター……35, 90, 91, 145, 160, 258
　　Mk I……127
　　MkII……162
　　MkX……72-3
　　油圧式制御装置……154-5
アーク・ロイヤル……118
《アート・アンド・インダストリー》……14
アマトール炸薬……97
アメリカ……12, 24, 26
アメリカ軍……25, 27, 31, 37-9
　アメリカ陸軍航空軍航空文書調査センター……20
　航空軍教材部……236-7
　資材センター技術課……218-19
アメリカ航空訓練部……12
『アメリカ陸海軍識別ジャーナル』……226-7
アメリカ陸軍航空軍……31
『アラド 196A-5 飛行マニュアル』……191
アルグス 410 エンジン……195
アルベマール……162
アルンヘム……38
飯島少佐……38
イギリス、V1 号の最初の来襲……20
イギリス……11-12, 24, 26
イギリス『航空機識別ジャーナル』……227
イギリス参謀長委員会……30
イタリア……24, 31, 36, 172
　識別……101
イタリア王国空軍……31
イリューシン

DB-3m……258-9
Il-2……26
Il-2 シュトゥルモヴィク……252-3, 254-5, 260
インド空軍……27
ヴァイキング……162
ヴァルティーのヴェンジャンス I 急降下爆撃機……27
ウィチタ……216
ウィロウ・ラン……216
ヴェルサイユ条約……31, 36
エアスピード・オックスフォード……25, 33
《エアロプレーン》……15, 29
英国海峡……137
英国海軍……16, 110, 118
英国空軍 (RAF)……16, 27, 37-8, 75, 84, 99, 172
　英国空軍博物館……11
　軍訓練学校……24
　写真判読部隊……18
　敵機評価部隊第 1426 小隊……12, 17
　爆撃軍団……23, 30, 35, 112-13, 122-3, 124-5, 164-5
　第 5 集団……92
英国購入委員会……27
英国情報機関……12, 15
英国本土航空戦（バトル・オブ・ブリテン）……16, 172
英国夜間空襲（ブリッツ）……16, 189
英連邦航空訓練計画 (BCATP)……25, 27, 32, 39
エジプト……23
沿岸軍団……97, 110
王国航空機研究所……15
王立オーストラリア空軍……27, 37
王立カナダ空軍 (RCAF)……31, 37
王立ハンガリー空軍……59
オーストラリア……25
オマハ……216
オランダ……39, 172

【か】
カースル、ピーター・エンズリー……13, 14, 15, 16, 19-20, 66
カーター、ウィリアム……35
ガダルカナル……37
カーティス
　P-40……23
カナダ……25, 26, 39
カナダ軍……31
『カナダ軍搭乗員マニュアル』……31, 89
カム、シドニー……156
川口大佐……37-8
『基礎飛行教官マニュアル』……22
基礎飛行訓練学校 (EFTS)……32-3, 36
北アフリカ……66, 177
北大西洋……240
行政機関の印刷所……20
行政機関の複製部……53
空海協同救助隊……126
空海協同救助体制……242
空軍省……11, 15, 27
空軍博物館、スウェーデン……174

269

空中投下式救命艇……138-43
クラーク、ジミー……29
グラマン……15
グラント中佐、F・G……40
クリーヴランド……216
クロス、ロイ 28-9
グロスター
　　グラディエーター……23
軍搭乗員マニュアル (BCATP)……27, 42
軍飛行訓練学校 (SFTS)……33, 36
警防団……16
交換部品リスト・マニュアル (Fw200C 型)……205
『航空機識別軍間ジャーナル』……80-1
航空機識別課……192-3
航空技術情報グループ……37-8, 127
航空機生産省……11
《航空教育隊広報》……28-9
航空魚雷……99
　　MkXII……98-9
航空情報……19, 20, 65
高射砲集団……16
高等飛行部隊 (AFU)……34
高等飛行訓練（アメリカ）……36
　　イギリスの搭乗員……39
　　オランダの搭乗員……39
　　中国の搭乗員……39
　　フランスの搭乗員……39
国土防衛隊……16
国家社会主義者飛行団 (NSFK)……36
ゴナム中尉、ジェシー・W……87
コルト＝ブローニング機関銃……84
ゴロヴァイン、マイクル……19
コンソリデーテッド……15

【さ】
サウサンプトン……70
作戦訓練部隊 (OTU)……34-5, 36
サルディニア島……133
シェフィールド、巡洋艦……118
ジーク 52（零戦 52 型）……234-5
シチリア島……133
シーホース（潜水艦）……110
『銃手　図解第二次世界大戦の飛行機の銃塔と銃座の歴史』
　　……11
重機種転換部隊 (HCU)……35
シュトゥーカ
　　ユンカースを参照
シュトゥルツカンプフルークツォイク……57
シュールグライター SG-38……36, 171
ショート
　　サンダーランド……121, 167
　　スターリング……90, 128, 145, 162
初等飛行訓練……36
真珠湾……31, 216
スウェーデン……20, 174
枢軸国の航空戦力……37, 172
スターリン、ヨシフ……36
スティーヴンズ、ジェイムズ・ヘイ……28
スーパーマリン……15
　　スピットファイア……40, 107, 117, 160, 264
　　　　Mk1……23
　　　　MkXIV……159

スピットファイア MkV……49
スペイン内戦……37
スミス、コンスタンス・バビントン……18
スロヴァキア……172
赤軍空軍……25
ゼネラル・エレクトリック……30, 243, 245
零戦……23, 40
戦闘航空群
　　第 56……87, 107
　　第 78……107, 108
　　第 352……87, 108
戦闘飛行隊
　　第 334……82
　　第 420……39
　　第 442……40, 264
セントーラス・エンジン……156-7
『千人が倒れても』（ピーデン）……32
阻塞気球
　　DP/R および DPL 静止阻塞気球……150-1
　　ケーブル・カッター……152-3
ソ連……12, 24, 36-7
ソ連空軍……36, 37

【た】
第一次世界大戦……23, 31
大西洋……36
大西洋の戦い……240
太平洋……37
ダイムラー・ベンツ
　　DB 601 エンジン……196-7
　　DB 603 エンジン……179
　　DB 605 エンジン……51
タフト法……31
ターボ過給器……244-5
タンク、クルト……20-1
探照灯の支援……114-15
ダンモア、スペンサー……35
地中海……37, 177
チャーチル、ウィンストン……16, 25
中国……12, 23-4, 37
中国空軍……23-4
チュニジア……133, 232
チリ……174
ツポレフ
　　SB-2……262
　　Tu-2……262-3
『つむじ風を刈り取って』（ダンモア＆カーター）……35
帝国戦争博物館……20
デイハフ、ハリー・J……107
ディルシャウ……57
デトロイト……216
デハヴィランド……15
　　タイガーモス……32-3
　　フリート・フィンチ……32
　　モスキート……74-5, 145
　　　　F MkII……76-7
　　　　パラシュート手順……130-1
　　モスキート FB Mk26
　　『整備および説明必携』……41
電波高度計……166-7
ドイツ……12, 36-8, 100
　　航空機の発達……20

水上機……101
ドイツ空軍（ルフトヴァッフェ）……16, 36-7, 57, 62
ドイツ空軍実験基地……18-19
ドイツ空軍省……184
ドゥードルバグ (V1 飛行爆弾)……70
東部戦線……66
『搭乗員訓練広報』……43, 126
ドルニエ
 Do 217……16-17, 178-9

【な】
ナッシュ&トンプソン
 FN64……92-3
日本……1-23, 31, 36-8
ニューギニア……37
ノースアメリカン……15
 P-51 マスタング……223
 イェール……33
 ハーヴァード……25, 32-3
ノースロップ
 P-61 ブラックウィドウ……45, 222, 240-1
ノーム・ローン
 14M エンジン……195
ノルウェー……172

【は】
パドカレー……70
『パイロット参考覚書』
 ヴェンジャンス I 急降下爆撃機……27
パイロット資格書式……32-3
ハインケル
 He111……198
  H-5……188-9
 He177……60-1
  迷彩パターン……190-1
バウチャー少尉、ロバート……32-3
ハーキュリーズ……38
 過給器……162
爆弾
 2000 ポンド高性能徹甲爆弾……95
 信管……96
爆雷 (航空機)……97
爆雷……97
バーティン、ウィル……14
ハドリアン・グライダー……133
ハーミーズ……162
ハリス空軍大将……43
ハンガリー……59, 172, 174
ハンドレページ……15
 ハリファックス……39, 145, 162
  Mk II……128-9, 136-7
  MkIII……78-9
ハンプデン I、パラシュートの脱出……134-5
東プロイセン……57
飛行安全対策……102-11
 エンジン火災……130
 誤認……118-19
 酸素供給……148-9
 焦土ブレーキング……162-3
 スピードの戦い……144-5
 着陸装置……116-17
 搭乗員用被服……146-7

ビスマルク（戦艦）……118
ビーソン大尉、D・W……82
ビッカーズ
 ウォーウィック……138
ピーデン、マレー……32
飛龍（日本空母）……37-8
ビル・ハケイムの戦い……177
ファーバー、アルニム……53
フィーゼラー
 Fi103 飛行爆弾……17, 18-20, 70-1
フェアリー
 アルバコア……132
 ソードフィッシュ……118
 バトル……34
 ファイアフライ……29
 ファイアフライ MkI……29
フェアリー・エアクラフト・カンパニー……28
 技術出版部……28
フォッケウルフ
 Fw58……176-7
 Fw190……16, 20-1, 52-3, 170-1, 260
 Fw190D……17
 Fw200 コンドル……205
部品リスト・マニュアル……37
《フライト》……15, 54
『ブラックウィドウ操作マニュアル』……45
プラット&ホイットニー
 星型エンジン……33
 ホーネット……174
フランス……24, 61, 172
フランス海峡沿岸……19
フランス空軍……68
ブリストル
 タイプ B.1 銃塔……10-11
 ブレニム……11
 ペガサス・エンジン……174
 ボーファイター……43, 162
ブルガリア……172
フレイザーナッシュ
 FN20……91
 FN50……90
 FN120……91
ブローニング 303 口径機関銃……84-5
ヘイスティングズ……162
北京……23
ペトリャコフ Pe-2……258-9
ペーネミュンデ……18
ベルギー……172
ベルリン……36
ベレジン BS 旋回機関銃……262-3
ヘンシェル
 Hs129……14, 66, 195
 Hs129B……66-7
ベンディックス・ストロンバーグ噴射気化器……245
ペンブリー・ウェールズ……53
ボーイング……15, 216
 B-17……212-13, 221, 240-1, 246-7, 248-9, 258
  ターボ過給器……244-5
 B-17F……208-11, 246-7
 『B-17 野戦装備マニュアル』……30, 38
 B-17G ターボ過給器……244-5
 B-24……213, 216, 240, 245

271

B-24D リベレーター……94, 214-15, 240
『B-24 整備および教育マニュアル』……34
『B-25 飛行作戦教育教範』……26
B-26……35, 220-1
『B-26 飛行マニュアル』……238
B-29……213, 216-17, 222-3, 224-5, 242-3, 248-9
『B-29 機銃手情報ファイル』……30
『B-29 機銃手情報ファイル・マニュアル……223, 228-9
防空監視隊……16
『防空パンフレット』……151
ホーカー
  シーフューリー……156
  テンペスト II……156
  トルネード……156
  ハインド……25
  ハート……25
  ハリケーン……160
  フューリー……25
北海……13, 137, 161
ポーツマス……70
ボーデンハマー・ジュニア少佐……108
ポーランド……57, 172
ポルトガル……174
ボールトンポール
  MkII D 銃塔、ディファイアント……94
  タイプ C MkI 銃塔……42
  タイプ E 銃塔……94

【ま】
マイアー大佐、ジョン・C……108
マイルズ・マスター……25
マヒューリン少佐、ウォーカー・M……87
マリエッタ……216
マルタ……133
満州……23
ミコヤン MiG-3……260-1
ミッドウェイ……37
三菱……15
三菱一〇〇式司令部偵察機二型……28
南アフリカ……25, 174
無線援助……164-5
メッサーシュミット……15
  Bf109……23, 40, 197, 260
  Bf109F……178
  Bf110……59, 62
  Me109F……48-9
  Me109G……230-1
  Me110……51, 145, 188-9, 197, 230-1
  Me110G……50-1
  Me210……58-9, 62, 197, 230-1
  Me410……59, 62-3, 18- 197
メルセデスベンツ
  ドッペルモートル DB610、部品リストマニュアル 37

【や】
ヤコヴレフ……15
ユモ 211……198-203
ユンカース……15
  Ju52……194-5
  Ju86……174
  Ju86K……174-5
  Ju87……177

シュトゥーカ……56-7, 172-3, 198
Ju87D
  シュトゥーカ……57, 177
Ju88……11, 23, 64-5, 198, 203
  A-1 と A-4 の火器および爆弾投下装置……186-7
  A-1 と A-5 の急降下爆撃時における爆弾投下の仕組み……184-5
  A-4……205
  パイロット席と爆撃手席……180-1
  防火壁……200
  無線手席……182-3
Ju88C……54-5
Ju188……15, 16-17, 68-9, 203
横須賀技廠
  P1Y1 銀河……81
ヨーロッパ……24

【ら・わ】
ライト……242
  R-3350-23 デュプレックス・サイクロン・エンジン……242-3
ラヴォチキン La-7……256-7
「ラフヴァッフェ」……17
リー、ケリー……11, 16
リパブリック
  P-47 サンダーボルト……216
ルイス 303 インチ機関銃……88
ルイス大佐、アイザック……88
ルーマニア……172
冷戦……20
レッドミル、ヒューバート……51
連合軍航空部隊……39
レントン……216
ロイヤル科学カレッジ……19
盧溝橋……23
ロシア……12, 25, 26
ロッキード
  ハドソン……138
  P-38 ライトニング……44, 223
ローデシア……25
ロールスロイス
  グリフォン・エンジン……158-9
  マーリン・エンジン……23, 35, 107, 156-7, 159
    66……160
    II……160
ロンドン……70
ワコ CG-4A……133